Carbon TaIK
一分钟扯碳

碳市场来了！

老C 中伍 小叶 / 著

U0252054

中国环境出版社集团 · 北京

图书在版编目（CIP）数据

碳市场来了！/ 老C，中伍，小叶著.-- 北京 ： 中
国环境出版集团，2023.6
ISBN 978-7-5111-5571-9

Ⅰ．①碳… Ⅱ．①老… ②中… ③小… Ⅲ．①二氧化
碳－排气－研究－中国－通俗读物 Ⅳ.①X511-49

中国国家版本馆CIP数据核字(2023)第135296号

出 版 人	武德凯
责任编辑	丁莞歆
装帧设计	金　山

出版发行 中国环境出版集团
（100062　北京市东城区广渠门内大街 16 号）
网　　　址：http://www.cesp.com.cn
电子邮箱：bjgl@cesp.com.cn
联系电话：010-67112765（编辑管理部）
　　　　　010-67147349（第四分社）
发行热线：010-67125803，010-67113405（传真）
印装质量热线：010-67113404

印　　刷	玖龙（天津）印刷有限公司
经　　销	各地新华书店
版　　次	2023 年 6 月第 1 版
印　　次	2023 年 6 月第 1 次印刷
开　　本	880×1230　　1/32
印　　张	7.125
字　　数	220 千字
定　　价	58.00 元

序言

气候变暖、冰川融化、海平面上升等已成为气候变化的事实，它们将对自然生态系统产生不可逆转的影响。气候变化对社会经济发展、人类进步也产生了极大的影响，已成为国际社会关注的热点和重点问题。联合国政府间气候变化专门委员会（IPCC）发布的第六次评估报告第二工作组报告显示，人为造成的气候变化正在给自然界带来危险且广泛的破坏，未来世界将会面临不可避免的多重气候危害。同时，该报告还呼吁人们加快采取更多措施以适应气候变化。

越来越多的政府和组织将碳中和制定为国家战略和未来愿景。在我国，自2020年提出"双碳"目标以来，经过两年多的努力，碳达峰、碳中和"1+N"政策体系已经建立。国际上，《联合国气候变化框架公约》第27届缔约方大会（COP27）首次设立了气候损失和损害基金，以帮助脆弱国家应对气候灾难带来的损失和损害。碳市场是发挥市场资源配置作用、促进碳减排的重要手段，越来越多的国家开始建立国家层面或地方层面的碳交易体系。中国全国碳市场第一个履约周期的碳排放配额累计成交量达1.79亿吨，累计成交额为76.61亿元，市场运行平稳有序，交易价格稳中有升。当前，中国全国碳市场的运行框架基本建立，价格发现机制的作用初步显现，企业的减排意识和能力水平已得到有效提高。

"一分钟扯碳"系列低碳科普漫画把"让天下没有难懂的低碳科学"作为奋斗目标，以"有趣、有料、严谨、搞笑"的形式传播气候变化的硬核知识，让广大公众以相对轻松和愉悦的形式科学、准确地掌握碳减排、碳中和的必要知识与技能。目前，该系列漫画已在微信公众号、微博、人民号、抖音、B站、钉钉等平台发布作品400余篇，累计阅读量达800多万，其优质的内容得到读者的广泛好评。"一分钟扯碳"系列漫画在人民日报客户端长期获得推荐，并连续两年荣获"年度优秀自媒体创作者"称号。该系列漫画的首本精选合集《一分钟扯碳——碳达峰、碳中和，你想知道的全都有！》一书，入选中国科普作家协会推荐的百种优秀科普图书。在COP27的中国角"讲述应对气候变化中国故事"主题边会上，"一分钟扯碳"系列漫画图书还上榜中国环境出版集团在现场推出的"气候书单"。

　　本书是"一分钟扯碳"系列漫画的第三本合集，由"低碳未来，刻不容缓""碳市场的中国智慧""零碳科技，绿色冬奥"三个部分组成。第一部分通过解读IPCC第六次评估报告第二工作组报告，介绍了气候变化的影响和风险，揭示了气候、生态系统和生物多样性及人类社会之间的相互依存关系；第二部分通过介绍碳市场的概念和规则，帮助企业和个人更好地参与碳市场；第三部分介绍了北京冬奥会的绿色科技，从而揭秘了北京冬奥会是如何成为史上首届"碳中和"奥运会的。

　　"一分钟扯碳"系列漫画还将陆续出版更多的漫画合集，请广大读者批评指正和持续关注。

老C、中伍、小叶

目录
CONTENTS

低碳未来，刻不容缓

碳市场的中国智慧

零碳科技，绿色冬奥

低碳未来，
刻不容缓

IPCC
到底想告诉我们什么？

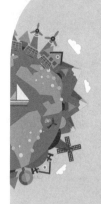

联合国政府间气候变化专门委员会（IPCC）在 2022 年 2 月 28 日发布了第六次评估报告第二工作组报告——《气候变化 2022：影响、适应和脆弱性》。

这次报告首次提出了气候适应型发展，突出了我们需要系统性变革，传统的增量性适应不足以避免未来的风险，转型性适应是我们的唯一出路。

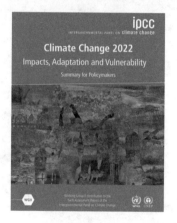

ipcc
INTERGOVERNMENTAL PANEL ON climate change

Climate Change 2022
Impacts, Adaptation and Vulnerability
Summary for Policymakers

为什么要进行系统性变革？

低碳未来，
刻不容缓

气候变化已经对我们产生了显著和深远的影响。全球有 33 亿～ 36 亿人生活在气候变化脆弱区，全球约一半的人口至少在一年内经历过气候变化导致的严重缺水。

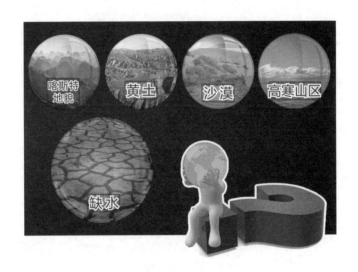

更可怕的是，气候变化的风险越来越复杂，呈现出级联、复合和非线性的特征，并且随着时间和空间而不断变化。

变化的世界，变化的气候

本次报告给出了 127 个关键风险（广泛、系统性、潜在不可逆转的风险），并将其归类为八大典型风险组（representative key risks）。

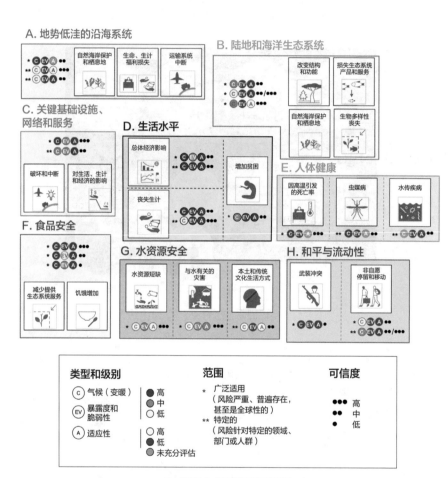

21 世纪末各风险严重程度

未来我们将何去何从？

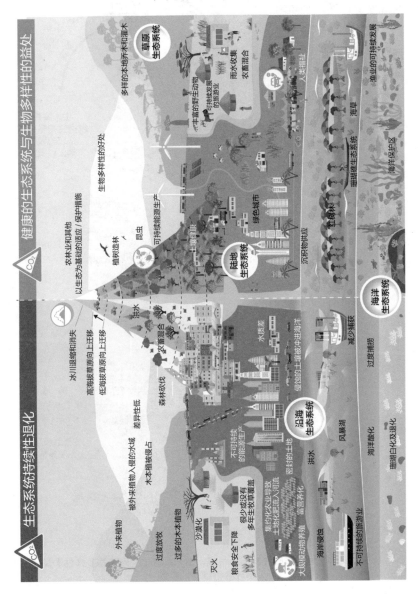

系统性变革不同于当前的增量改进。当前人与自然系统的弹性不足，不符合公平、福祉和生态系统健康的目标。实现《巴黎协定》与可持续发展需要社会和生物圈进入一个新的且更有弹性的状态。

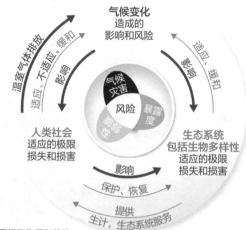

（a）主要相互作用和趋势

从情况紧急到及时行动

治理、金融、知识和能力、催化条件、技术

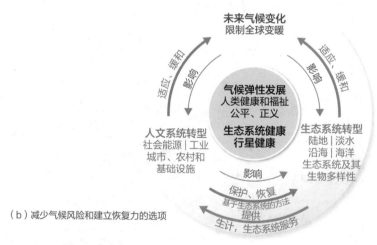

（b）减少气候风险和建立恢复力的选项

注：红色箭头代表损害，绿色箭头代表生态系统的相互作用。

从气候风险到气候适应性发展：气候、生态系统（包括生物多样性）及人类社会相耦合的系统

系统性变革意味着我们要改变生活方式：恢复运动、调整心态、拥抱自然。

通过系统性变革实现气候适应型发展，需要五个系统转型：土地、海洋
和生态系统转型，城市、农村和基础设施转型，能源系统转型，
工业转型和社会转型。

气候适应型发展能实现发展、减缓和适应的"三赢"，
但是留给我们的时间不多了。

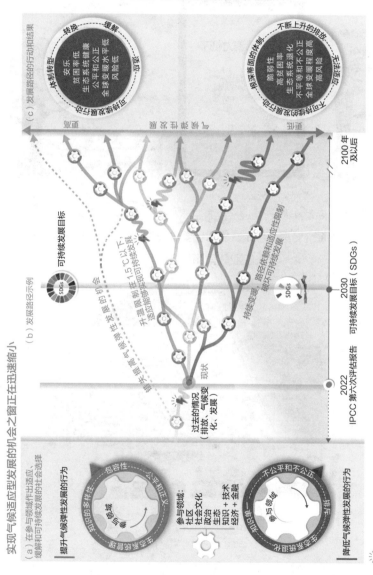

008

新形势下的全球性新转型势必会影响每个人的工作和生活，
我们该怎么做呢？

紧跟适应气候变化专题，深度了解 IPCC 格局，掌握 IPCC 如何应对各
类风险，提前做好准备和规划，才能在气候浪潮中立于不败之地。

参考文献

[1] IPCC. Climate Change 2022: Impacts, Adaptation and Vulnerability [R]. 2022.

气候变暖导致的六次生物大灭绝

过去 3 亿年出现过 6 次因全球变暖导致的生物大灭绝。

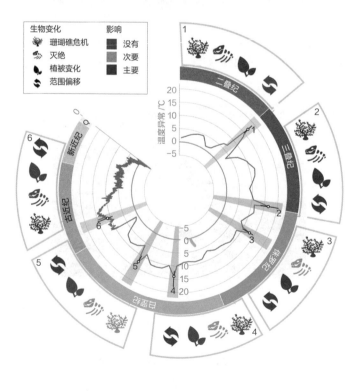

最严重的一次大灭绝发生在二叠纪末期，距今 2.52 亿年前：
二氧化碳（CO_2）浓度增加→地球升温→海洋动物新陈代谢加快→海水氧气不足→生物大量死亡→物种灭绝（81% 的海洋物种和 70% 的陆地物种）。

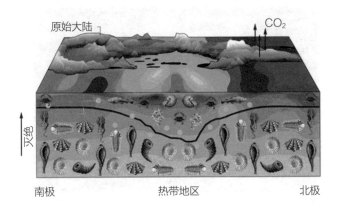

在三叠纪末期的生物大灭绝中，北美洲东部与非洲西北部释放了多达 1 万亿吨的二氧化碳，导致地球升温和海平面上升；同时，温度的升高释放出大量被困在永久冻土和海底中的甲烷，导致 70% 以上的海洋和陆地物种灭绝。

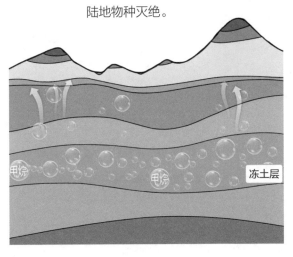

1.83 亿年前的侏罗纪，由于非洲南部和南极洲的大规模火山活动，大气中的二氧化碳浓度升高，导致气候变暖、大量物种灭绝，并且发生了剧烈的生态系统变化。

白垩纪末期，气候大范围变暖给地球生态系统造成了长期的环境压力，小行星撞击触发了系统性灾难，恐龙在这一时期灭绝。

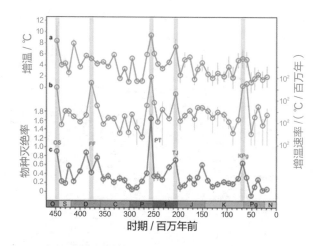

4.5 亿年以来，温度变化的速率和幅度与海洋动物的灭绝速率呈正相关。

人类正走向一条高温道路，其所经历的温度变化超过了农业出现以来
（1万年）所经历的温度变化幅度的高温轨迹。

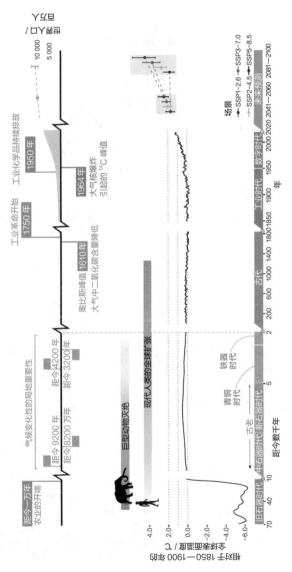

了解地球生物在全球变暖情况下的反应和变化对我们非常重要。古代气候变化期间的生物特征有助于我们识别今天的生态脆弱性和优先保护事项。

海洋生物在二氧化碳浓度升高和全球变暖的情况下更加脆弱。

气候变化已经导致一些物种灭绝，并可能驱使更多物种走向灭绝。

若当前气候变化继续下去，到 2070 年 1/3 的植物和动物可能会面临灭绝。

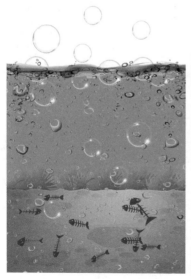

有一点可以明确，全球变暖的灾难是系统性、全局性、连锁性的，
这正是它的可怕之处。

参考文献

[1] IPCC. Climate Change 2022: Impacts, Adaptation and Vulnerability [R]. 2022.

[2] Song Haijun, Kemp D B, Tian L, et al. Thresholds of temperature change for mass extinctions[J]. Nature Communications, 2021, 12(1): 4694.

[3] Petersen S V, Dutton A, Lohmann K. End-Cretaceous extinction in Antarctica linked to both Deccan volcanism and meteorite impact via climate change[J]. Nature Communications, 2016 (7): 12079.

物种灭绝还会发生吗?

工业革命以来发生的气候变化导致的生物灭绝中，最为著名的是三个典型的物种灭绝案例。

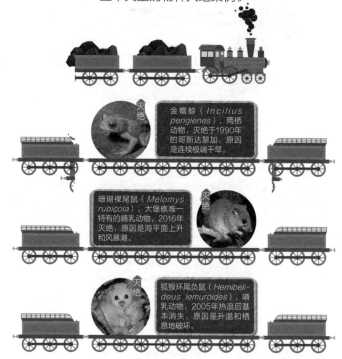

金蟾蜍（*Incilius periglenes*），两栖动物，灭绝于1990年的哥斯达黎加，原因是连续极端干旱。

珊瑚裸尾鼠（*Melomys rubicola*），大堡礁唯一特有的哺乳动物，2016年灭绝，原因是海平面上升和风暴潮。

狐猴环尾负鼠（*Hemibelideus lemuroides*），哺乳动物，2005年热浪后基本消失，原因是升温和栖息地破坏。

生物多样性丧失已经被 IPCC 列为生态系统严重风险中的关键风险。
物种灭绝会对生态系统造成不可逆的影响。

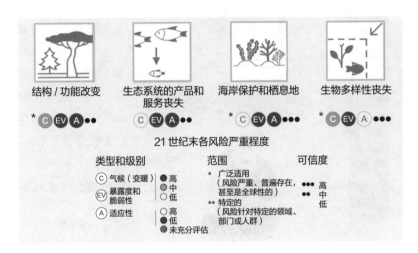

结构 / 功能改变　　生态系统的产品和　　海岸保护和栖息地　　生物多样性丧失
　　　　　　　　　　服务丧失

21 世纪末各风险严重程度

类型和级别	范围	可信度
Ⓒ 气候（变暖）　●高	* 广泛适用	●●● 高
EV 暴露度和　　　●中　　脆弱度　　○低	（风险严重、普遍存在，甚至是全球性的）	●● 中
Ⓐ 适应性　　○高　　　　　　　　低　　　　　　　●未充分评估	** 特定的（风险针对特定的领域、部门或人群）	● 低

全球几乎所有陆地生物的多样性热点地区都受到了气候变化和
人类活动的负面影响。

其中，受影响最大和风险最高
的是世界寒冷地区的物种（栖
息地仅限于极地和高山，包括
北极熊）、热带"天岛"植物
（热带地区的高山顶部植物）、
西班牙的山顶两栖动物、阿巴
拉契亚山脉的山顶地衣、夏威
夷的银剑草（火山口植物）。

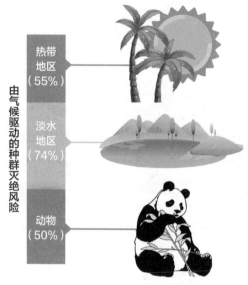

由气候驱动的种群灭绝风险

热带地区（55%）

淡水地区（74%）

动物（50%）

在针对 976 个物种的研究中，47% 的灭绝风险与最热年气温有关。对于由气候驱动的种群灭绝风险，热带地区（55%）高于温带地区（39%），淡水地区（74%）高于海洋（51%）和陆地（46%），动物（50%）高于植物（39%）。

随着未来的升温，生物多样性的丧失将越来越严重。
如果全球升温 3℃以上，20% 的物种将面临灭绝风险。

一个物种的灭绝，对生态系统和我们究竟意味着什么？

生物多样性是地球进化了 40 亿年的浓缩精华，每个物种都是历经了寒武纪大灭绝、二叠纪大灭绝、三叠纪大灭绝、侏罗纪大灭绝、白垩纪大灭绝等无数次灭绝后的生存王者。

这不能仅用幸运来解释，而是每个物种都已经进化出嵌入地球生境的独特功能。它们一旦灭绝，对生态系统会造成什么影响？这就如同一台高端计算机脱落了一个微小的元件，其后果却可能导致系统崩溃；反过来，一台高端精密的计算机也绝不会多放一个元件。

我们应努力减缓气候变化，保护生物栖息地。对于已经发生因温度升高而对物种造成严重威胁的地区，可以采取物种生态移民等办法将物种转移到相对适宜生存的地方。

例如，非洲企鹅（*Spheniscus demersus*）是非洲大陆上唯一的企鹅物种，生活在南非和纳米比亚，每年吸引了近 100 万的游客。但近年来由于气候变化，非洲企鹅面临灭绝，被世界自然保护联盟（IUCN）列为濒危物种。

非洲企鹅濒危的主要原因，一是温度升高使该群落觅食（凤尾鱼和沙丁鱼等）范围大幅减少，二是热浪频率和强度的增加导致成年企鹅放弃巢穴，并引发卵和雏鸟死亡。

为保护非洲企鹅而采取的措施是通过人工制作诱饵或者营造友好环境，吸引企鹅到一个相对适宜生存的地区；同时，在其筑巢地开展风暴保护，实施人工饲养和野外放归。

我们应该珍惜已有的所有物种，它们身上都携带着几十亿年地球系统反复试错和迭代的成功算法，很可能是未来我们人类某种危机的解决方案。拥有的时候，我们可能体会不到他们的价值，一旦失去，人类就可能会失去一个生存和发展的机会。

问题：你怎么看物种灭绝？
如果哪一天气候变化影响到自家宠物的生存，你会做什么呢？

参考文献

[1] IPCC. Climate Change 2022: Impacts, Adaptation and Vulnerability [R]. 2022.

海平面上升是个"灰犀牛"事件

2020 年，全球近 11% 的人口（8.96 亿人）居住在低海拔沿海地区（海拔低于 10 米且与海洋水文相连的沿海地区）。

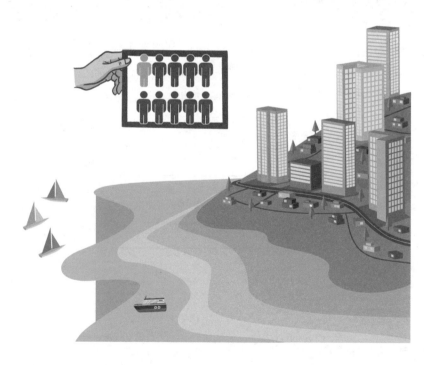

全球近 1/3 的人口居住在距海岸线 100 千米以内的区域。世界上很多重要的大城市都是沿海城市，比如纽约、悉尼、东京、曼谷和中国的上海、香港等。

沿海地区面临一个巨大的"灰犀牛"风险——海平面上升。

"灰犀牛"风险是指大概率且影响巨大的潜在危机。

上升
1.35毫米/年

1901—1990 年，全球平均海平面上升速度为每年 1.35 毫米。

1.35 毫米，只有 1 颗沙粒的厚度，非常不起眼。

但要知道，地球本质上是个水球，其表面 71% 是海洋，体量巨大，海洋的每一个微小变化都足以引起天翻地覆的扰动。

更严重的是，海平面上升在不断提速。1993—2018 年，海平面上升已经逐渐加速到平均每年 3.25 毫米。

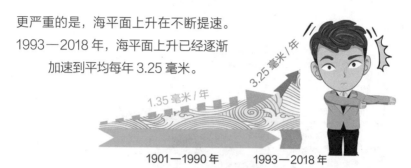

1.35 毫米/年

3.25 毫米/年

1901—1990 年　　1993—2018 年

研究表明，全球海平面平均每上升 15 毫米，沿海地区百年内洪水的发生率将增加 20%。

↑15 毫米

+20%

威尼斯是联合国教科文组织批准的世界遗产，这座水城是人类与自然环境数千年相互作用的结果。威尼斯现在就面临着非常严重的海平面上升和频繁的洪水威胁。

威尼斯的相对海平面（海平面上升 + 自身地面下沉）以每年 2.5 毫米的
速度上升，洪水频率已从 20 世纪上半叶的每 10 年 1 次增加到
2010 — 2019 年的每 10 年 40 次。

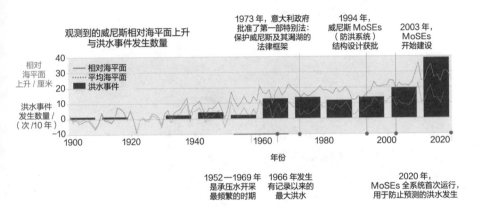

更恐怖的是，未来海平面上升的速度可能会增加 10 倍以上，海平面上升
这头巨大的"灰犀牛"已经逐渐失控。

2050 年，埃及亚历山大港的相对海平面将上升 180 毫米，届时亚历山大港将成为水下城市。超过"压力山大"的是"压力海大"。

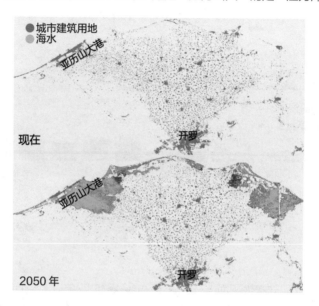

在海平面上升的同时，居住在低海拔沿海地区的人口却在不断增加。到 2100 年，这些地区的人口可能会增加到 11 亿人以上。

在 RCP（典型浓度路径）4.5 路径下（升温 2～3℃），2100 年全球有 1.6 亿～5.1 亿人、7.9 万亿～12.7 万亿美元的资产处在百年一遇的沿海洪水风险中。

现在和未来，沿海城市恰恰是全球贸易和交流的中心节点。节点受损，则系统危矣！

我们如何安抚海平面上升这头巨大的"灰犀牛"，是决定我们生死存亡的问题。

参考文献

[1] IPCC. Climate Change 2022: Impacts, Adaptation and Vulnerability [R]. 2022.

地球升温，冰川死亡？

全球冰川受到了气候变暖的严重影响。冰川就像在火炉边的冰棍，炉火越旺，冰棍化得越快。

2019 年 8 月，冰岛的环保人士宣布 Okjokull 冰川正式消失，并为其举办了丧礼。

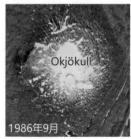

Okjökull

1986年9月

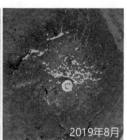

2019年8月

欧洲阿尔卑斯山脉上的冰川正在以惊人的速度消失。自 1900 年以来，瑞士已有超过 500 座冰山消失。

无独有偶，另一座阿尔卑斯山——新西兰的南阿尔卑斯山，1978—2016 年有 14 座冰川的面积下降了 21%，1949—2019 年有 50 座冰川的夏季雪线海拔上升了 300 米。

两座阿尔卑斯山，一南一北，垂泪相望。

最为严重的是，非洲乞力马扎罗山上的冰川从 1984 年的 4.8 平方千米减少到 2011 年的 1.7 平方千米。到 2030—2040 年，其顶峰的冰雪或将彻底消失。海明威的《乞力马扎罗的雪》真的成为"死亡的预言"。

即使升温控制在 1.5℃，许多低海拔冰川和小冰川也会失去大部分面积或者彻底消失。

没有冰川，我们所面对的绝对不是丧失了天然滑雪场，而是要面对冰川融化对海平面上升这只巨大的"灰犀牛"的影响。全球海平面上升的主要原因是冰盖和冰川大量消融，从而使陆地水体进入海洋。20 世纪，山地冰川消融使海平面平均每年上升 0.2 ～ 0.4 毫米。

海平面每年上升
0.2~0.4 毫米

未来如果冰川加速融化，将使海平面上升这头"灰犀牛"愈加失控。

参考文献

[1]IPCC. Climate Change 2022: Impacts, Adaptation and Vulnerability [R]. 2022.

全球变暖对我们的健康有什么影响？

一项代表世界一半以上人口的调查发现，近 2/3 的人口把气候变化视为紧急情况。

升温对健康到底有什么影响？
主要有 3 个方面。

1

高温直接影响

HOT

2

温度升高导致气候敏感疾病发生并使其恶化

3

温度升高引发病菌繁殖并加速其传播

全球范围内，每年受热浪事件影响的人数估计为 148 亿人，其中南亚有 71.9 亿人，撒哈拉以南非洲有 14.3 亿人，北非及中东有 13.3 亿人。

2000—2018 年，因高温而损失的潜在工作时间持续增加。2018 年，潜在工作时间损失为 1336 亿小时，比 2000 年增加了 450 亿小时。

芝加哥热浪事件

1995年，芝加哥发生了为期5天的热浪事件，日平均温度高达41℃，有700多名市民中暑死亡。该事件是当地历史上最恶劣的自然天气灾害事件。温度>40.6℃即被认为是危险高温，并会导致中暑。

世界上暴露在极端高温下的人口非常多，全球每年有 12.8 亿人经历了类似于 **1995 年的芝加哥热浪事件**。

即使是最理想的最低排放情景
（RCP1.9 路径），也相当于地球每
平方米增加了1.9 瓦的热辐射能力。

家用卧室节能灯一般是 9 ～ 11 瓦，RCP1.9 路径相当于地球每 5 平方米
放一个小型节能灯。无所不在、满满登登，你受得了吗？

如果升温 1.5 ～ 2℃，全球将增
加 17 亿人遭受高温影响，增加
4.2 亿人遭受极端热浪影响，增
加 6500 万人每五年遭受一次
非常极端的热浪影响。

2080 年，撒哈拉以南非洲将有 9.4 亿～ 11 亿的城市居民可能会受到每年超过 30 天的致命高温。

2019 年，全球气候敏感疾病的严重程度为导致 39503684 人死亡（占年度总死亡人数的 69.9%）和 1530630442 伤残调整生命年。

啥是伤残调整生命年？

伤残调整生命年（Disability Adjusted Life Year，DALY）是由世界卫生组织提出的，在公共卫生和健康影响评估等方面普遍使用。它表示因为健康状况不佳或丧失能力导致损失健康状态的年岁，可以简单理解为健康损失。

心血管疾病占气候敏感疾病的比例最大（死亡人数占比 32.8%，伤残调整生命年占比 15.5%）。

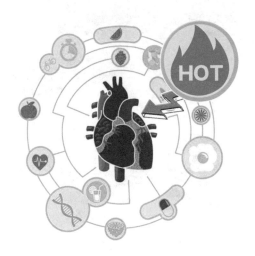

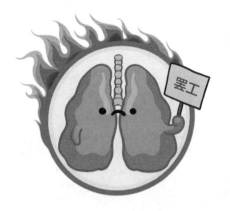

其次为呼吸系统疾病——慢性呼吸系统疾病、呼吸道感染和肺结核等。

到 21 世纪中叶，由于气候敏感疾病，每年将增加 250000 人死亡。而在高排放情景下，到 2100 年每年将增加超过 900 万人死亡。预计超过一半的死亡增加将发生在非洲。

气候敏感疾病死亡重灾区

气候变暖会影响病菌传播。在中美洲和南美洲的部分地区，由于气候变暖，2016—2021 年登革热病毒传播的再繁殖潜力较 1950—1954 年增加了 17% ～ 80%。

啥是登革热?

根据世界卫生组织的定义，登革热是一种发生在全球热带和亚热带气候地区的蚊媒病毒感染，多发生在城市和半城市地区。引起登革热的病毒称为登革热病毒。登革热病毒有 4 种血清型，意味着一个人可能感染 4 次。重症登革热是亚洲和拉丁美洲一些国家出现严重疾病和死亡的主要原因。近几十年来，全球登革热发病率急剧上升，世界上大约一半的人口有患病风险，每年估计有 1 亿～4 亿人感染。

气候变暖预计会增加登革热风险并加速其全球传播，高排放情景下（RCP8.5/SSP3，升温 4℃以上）到 2080 年，全球将有 50 亿人面临登革热暴露风险。

现在　　　　　　2080 年

2080 年，墨西哥的登革热年发病率将增加 40%。

在中国，2100 年以后登革热病毒感染人数将增加到 4.9 亿人。

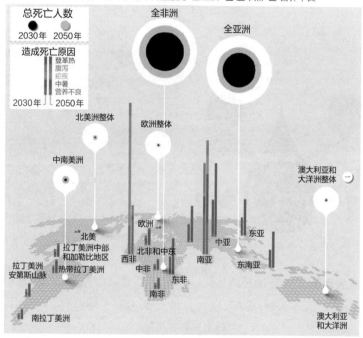

■老年人中暑 ■15 岁以下儿童腹泻 ■疟疾 ■登革热 ■营养不良

与 1961—1990 年相比，
预计 2030 年和 2050 年每年因气候变化而增加的死亡人数（WHO，2014）

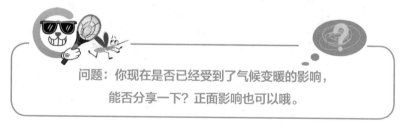

问题：你现在是否已经受到了气候变暖的影响，
能否分享一下？正面影响也可以哦。

参考文献

[1] IPCC. Climate Change 2022: Impacts, Adaptation and Vulnerability [R]. 2022.

与火共存？

气候变暖导致全球野火的强度和频率都在持续增加，
对可持续发展造成了严重影响。

野火对可持续发展目标的影响

高强度	中等强度	低强度
全冠脱叶	烧焦 / 碳化 / 全脱叶	未燃烧 / 烧焦 / 碳化

野火的严重程度和强度

由于气候变化，亚马孙、澳大利亚和非洲等地的野火烧毁面积持续增加。

北美洲自 1979 年以来，由于气候变暖，1/4 的植被区域的火灾季节延长。1984—2017 年，气候变暖使北美洲西部被野火烧毁的面积超过了自然水平的一倍，在极端年份比自然水平高出 11 倍。

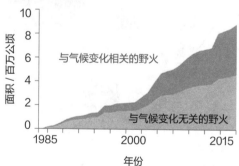

美国西部被野火烧毁的累积面积（Abatzoglou 和 Williams，2016）

注：橙色和黄色分别表示受到和未受到气候变化导致的炎热和干旱增加影响。

加拿大不列颠哥伦比亚省 2017 年的火灾面积达到 1950—2017 年记录以来的最广泛范围，是没有气候变化火灾面积的 7 ~ 11 倍。

澳大利亚 2019—2020 年的野火直接导致 33 人死亡，间接引起 429 人死亡和 3230 人住院（心血管或呼吸系统并发症），总损失达到 19.5 亿美元。

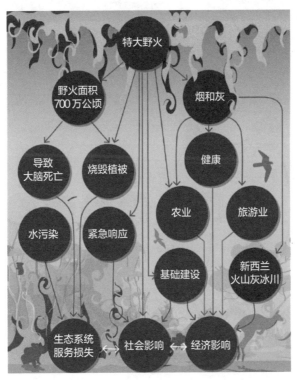

2019—2020 年澳大利亚特大野火的跨部门及跨界影响

全球有 43 个国家 / 地区每年因野火及其烟雾导致 3 万多人死亡。

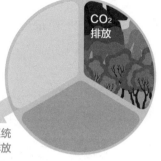

火灾会导致大量的二氧化碳排放。当前，全球火灾导致的二氧化碳排放量占生态系统年平均排放量的 1/3，这种反馈回路加剧了气候变暖。

全球生态系统年平均碳排放

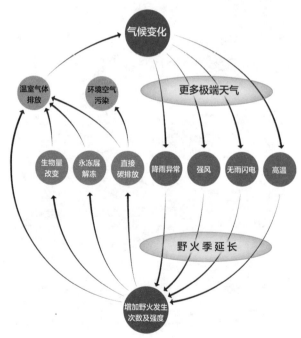

气候变化对野火的潜在强化反馈回路

火灾和气候变化之间有着非常复杂的关系。

如果升温 2℃，全球野火烧毁面积将增加 35%；如果升温 4℃，火灾频率将增加约 30%，烧毁面积将增加 50% ～ 70%。

如果持续升温，2030 年全球极端火灾的数量将增加 14%，到 2050 年年底将增加 30%，到 21 世纪末将增加 50%。届时，人类、生物多样性和生态系统将会遭受毁灭性的破坏。

未来生活在火灾多发地区的人数可能会增加 3/4，
到 2100 年将达到 7.2 亿人。
如果坚持碳减排，在低排放情景下火灾风险人数将减少 7000 万人。

野火是森林和草原生态系统的自然组成部分，可以杀死害虫、促进植物种子发芽等。然而，过度的野火会导致人员死亡、由烟雾引发的呼吸系统疾病及严重的自然生态系统破坏。

我们要做的是减缓由于气候变暖对火灾的正向反馈和增强作用，学会与火共存。

参考文献

[1] IPCC. Climate Change 2022: Impacts, Adaptation and Vulnerability [R]. 2022.
[2] UNEP, GRID-Arendal. Spreading like Wildfire‐The Rising Threat of Extraordinary Landscape Fires [R]. 2022.

海洋临界点快来了吗？

海洋是气候变化中最重要的环节，也是气候变化中的"灰犀牛"，

因为地球在本质上说是一个水球，或者说是一个海球。

由于全球范围的气候变暖，海洋系统正在接近系统临界点（系统突变或

快速变化的节点），这意味如果持续升温，可能会导致海洋系统发生不

可逆（数十年尺度）的灾难性变化。

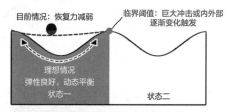

海洋生态系统弹性和状态变化概念图

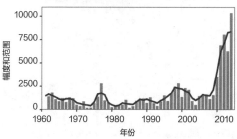

1960—2014 年全球海洋单位地理单元的群落突变发生幅度和范围汇总

有三个非常重要的方面值得关注：海冰融化、珊瑚礁白化和海带林消失。
以下重点关注后两者。

一望无际的海洋和一望无际的沙漠
类似，沙漠只有绿洲附近才有大量
生物，海洋也只是在珊瑚礁附近才
有大量生物。

珊瑚礁为全球 25% 的海洋物种提供生境，被称作"海洋的热带雨林"。

澳大利亚的大堡礁绵延 34.8 万平方千米，是地球上范围最大、最壮观的珊瑚礁生态系统。大堡礁在很大程度上代表了全球珊瑚礁的变化情况。

当前大堡礁已经处于严重的危机中，出现了频繁和严重的珊瑚礁白化现象，2016－2020 年发生了三起大规模珊瑚礁白化事件。

珊瑚礁白化

白化现象是珊瑚礁表现出来的病理特征。珊瑚是珊瑚虫及其体内海藻的共生体。健康的珊瑚会出现红、黄、绿、蓝、紫等各种颜色，而这些颜色其实是海藻的颜色。白化的珊瑚会排出体内的海藻，从而显现出白色。海藻通过光合作用为珊瑚带来90％的能量，长期失去海藻的珊瑚虫会因饥饿而大面积死亡。

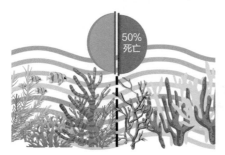

大堡礁 2016 年的珊瑚礁白化事件影响了 90％ 以上的珊瑚礁。北部和中部 2/3 的浅水礁中有 50％ 的珊瑚死亡。

大堡礁预计在 2044 年以后将每年发生一次白化。如果全球升温 1.5℃，全球 90% 的珊瑚礁都将消失。

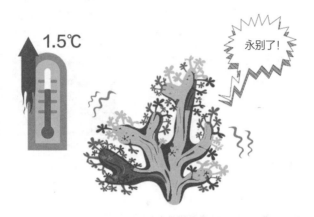

如果珊瑚礁崩溃，相当于沙漠中的绿洲死亡，海洋生态系统也将面临崩溃。

要知道，海洋生物每年吸收的二氧化碳（403 亿吨）比人类活动的能源燃烧排放还多。

我们家中常见的海带是温
带海洋大型藻类，分布于
世界 1/4 的海岸线。

海带像陆地上的温带草原和森林
一样，构建了海洋茂密的水下生
态系统和三维栖息地，是鱼类、
甲壳类动物、无脊椎动物和海洋
哺乳动物赖以生存的栖息地。

海带群常常被称为"海带森林"（Kelp forest），因为在海洋中它们真的
比森林还壮观。

海带对高温高度敏感，现在大多数地区的海带由于极端高温和变暖，生存受到了严重的影响。未来不是我们能否吃上海带的问题，而是温带海洋生态系统是否会被严重破坏的问题。

海洋极端事件最常见的形式是海洋热浪。由于气候变化，海洋热浪天数增加了 54%。海水吸收和释放热量的速度比空气慢，因此海洋不像陆地升温那么明显，但它们可以持续更长时间，通常为数月，并覆盖数十万平方千米的区域。

海洋热浪

海洋热浪（Marine Heatwaves，MHW）常用的定义是至少持续5天，其温度高于该地点一年中90%的温度。海洋热浪以其突然性来描述，也包括幅度、持续时间、强度和其他指标。此外，还有用于表征威胁特定生态系统的海洋热浪，如典型夏季累积热应力，用"加热度数"描述的温度用于估计珊瑚礁白化。

海洋热浪会导致多种海洋物种死亡，从珊瑚到海带，从海草、鱼类到海鸟，还会对海洋生态系统和水产养殖与渔业等产生严重的负面影响。

在过去一个世纪里，海洋热浪的频率翻了一番，变得更加激烈，持续的时间更长，而且扩展到更大的区域。在2015—2016年的厄尔尼诺事件中，全球70%的海洋表面遭遇了海洋热浪。

温水珊瑚礁、河口海草草甸和温带海带森林属于受海洋热浪威胁最严重的生态系统。海洋热浪对海带树冠的严重影响导致其大量死亡，普遍发生在整个海洋盆地，包括日本、加拿大、墨西哥、澳大利亚和新西兰的海岸。

其实，海洋临界点由多个小点组成，每个小点都在气候变化下被反复超过，如 2015 年，14% 以上的海洋种群系统发生突变，高于 1980 年的 0.25%。从这里我们可以看出，事实上并不存在一个明显、独立的海洋临界点，否则问题就好解决多了。

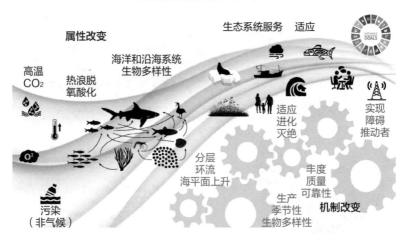

气候变化作用于海洋和沿海社会生态系统的性质与机制

海洋临界点是一个统计意义上的概念，存在很多种，它们每个都在以一个特定概率被超过，并且这些临界点之间相互联动。

如果气候持续变暖，未来可能出现的是临界点概率波函数的坍塌和海洋系统的崩溃。

参考文献

[1] IPCC. Climate Change 2022: Impacts, Adaptation and Vulnerability [R]. 2022.
[2] Spalding MD, Grenfell AM. New estimates of global and regional coral reef areas [J]. Coral Reefs. 1997, 16 (4): 225.

大规模炭疽病是怎样暴发和传播的？

气候变化显著影响了病菌和病毒的传播，对我们人类和生态系统造成了威胁。

寄生蠕虫会影响牲畜生长或杀死牲畜，使人类和野生动物受到感染，导致健康、农业和经济损失等问题。

在欧洲，来自实验室研究、长期监测、统计分析和建模的证据表明，由于气候变暖，多种蠕虫病原体及其寄主螺已经延长了传播窗口，增加了存活率和繁殖力。

壶菌属于真菌，广泛分布于全球，可引起两栖动物患壶菌病，这是一种两栖动物的灾难性疾病，目前已经导致 501 个物种的减少和 90 个物种的灭绝。

蛙壶菌

蛙壶菌严重感染病例，患蛙极度虚弱、四肢僵硬

壶菌和两栖动物之间的相互作用
属气候敏感型，随着气候变暖，
壶菌的活动强度和影响力
在持续增加。

北极地区的升温幅度是全球平
均水平的 2 倍多，大多数地区
大于 2℃。温暖的冬季降低了
病媒的死亡率，更高的温度和
更长的季节性窗口使病虫害
更快地繁殖和扩张。

在北极和亚北极地区，历史上罕见或从未记录过的人畜共患病由于气候
变暖已开始频繁出现，如炭疽病、隐孢子虫病、棘圆线虫病、丝虫病、
蜱传脑炎等。

人畜共患病

在人和动物之间传播的
疾病称为人畜共患病。它占
已知的人类传染病和大多数
新出现传染病（emerging
infectious diseases，EID）
的近1/3。

炭疽病就是典型的人畜共患病，它在历史上曾被称为西伯利亚瘟疫。2016年出现了炭疽病的暴发和大规模死亡事件。

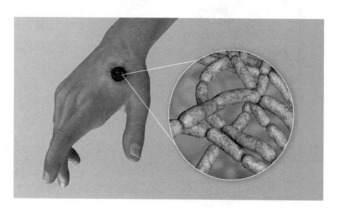

由于气候变暖，北极地区的永久冻土快速融化，使地下休眠的炭疽芽孢复苏（炭疽芽孢可以在永久冻土中存活2500年）。气候变暖同时增加了病媒昆虫种群，导致驯鹿感染大幅增加。

永久冻土

又被称作永冻层、永冻土层或多年冻土，指持续三年或三年以上的结冰点（即0℃或0℃以下）土层。

永久冻土分为两层：上部是夏融冬冻的季节融化层，下部是终年不融的多年冻结层。

随着温度升高和连接性增加，北极与世界其他地区之间的旅游业、资源开采和日益增长的商业交流使炭疽病迅速在大范围内传播。

气候变暖下，我们面对的最大挑战是如何应对不断增加的人畜共患病及其产生和传播模式的不断复杂化。

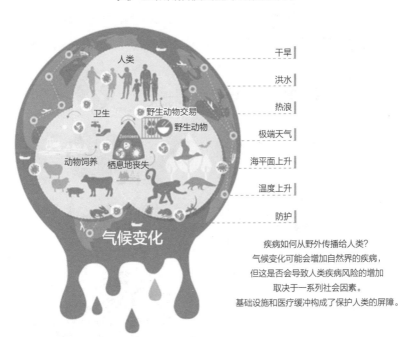

疾病如何从野外传播给人类？
气候变化可能会增加自然界的疾病，
但这是否会导致人类疾病风险的增加
取决于一系列社会因素。
基础设施和医疗缓冲构成了保护人类的屏障。

参考文献

[1]IPCC. Climate Change 2022: Impacts, Adaptation and Vulnerability [R]. 2022.

如果真的出现粮食短缺，我们有蛋白质替代方案吗？

气候变暖可以对农作物物候和生产区产生长期影响，同时干旱、病虫害等也加剧了对粮食生产的影响。

气候变化将使当前的一些粮食生产区不再适合大规模种植粮食。在高排放情景下，全球作物和畜牧业地区的面积到2050年将丧失10%。

气候变暖导致的干旱缺水对粮食产量形成了直接和显著影响。

气候变化正通过无处不在的水影响着粮食安全。
每一个用水行业都感受到气候变化带来的影响，
尤其是占全球总用水量 80% 以上的农业。

粮食损失事件

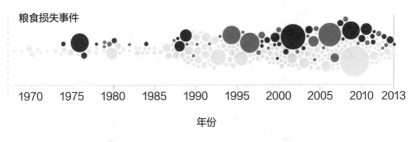

1970　1975　1980　1985　1990　1995　2000　2005　2010　2013

年份

粮食损失　2000 万吨　　● 与干旱相关
　　　　　 <1000 吨　　　● 与其他气候问题相关
　　　　　　　　　　　　 ○ 其他原因或未知原因

**过去几十年中，在作物、牲畜、渔业和水产养殖等方面与气候有关的
粮食生产损失日益显著**

气候变暖导致病虫害频发，影响农业生产。20 世纪 90 年代，从美国阿拉斯加州到犹他州暴发了史无前例的云杉甲虫危害，主要原因就是阿拉斯加州温暖的天气使昆虫的繁殖和生长加速。

温暖的冬季和生长季直接导致极地区域森林的病虫害扩张和爆发式增加。随着气候变暖，41% 的主要病虫害物种将进一步增加其危害性。

气候变暖将使农业户外工作人员和动物越来越多地暴露在热应激下，从而降低了劳动能力，影响了动物健康及奶制品和肉类的生产。

高排放情景下，到 21 世纪末，低纬度地区的牛、绵羊、山羊、猪和家禽每年将额外面临 72 ～ 136 天的高温和高湿极端天气。

气候变化还会降低授粉效率。这是因为物种消失使授粉媒介活动和花卉接受性的协调性（时间同步性）被破坏。

没有授粉媒介，全球水果将减产 23%，蔬菜将减产 16%，坚果和种子将减产 22%。

蜜蜂是一种重要的农业授粉媒介。在美国和欧洲，由于气候变化，蜂群数量出现了普遍下降。

菊科的黄花（*Solidago* spp.）是冬季前蜜蜂无处不在的花粉来源，但由于工业革命以来二氧化碳浓度的上升，其花粉的蛋白质含量下降了约 30%。

从历史数据来看，即使考虑了二氧化碳施肥效应，气候变暖对不同作物的产量也会产生负面影响。从每10年效应来看，玉米为 -2.3%，大豆为 -3.3%，水稻为 -0.7%，小麦为 -1.3%。

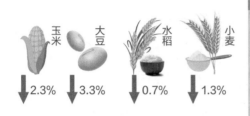

二氧化碳施肥效应

二氧化碳施肥效应指二氧化碳的浓度增加对植物生长的助长作用。由于大气中二氧化碳的浓度升高，植物的光合作用将会增强，植物的生产率也会有一定的提高。这一效应对小麦、水稻、大豆等农作物尤为明显。

一项全球规模的文献分析估计，温度每升高1℃，作物产量将损失3%～7%。

2050年，气候变化将使面临饥饿风险的人数至少增加800万人。

气候变化对健康和食品构成了重叠的重大复合风险。

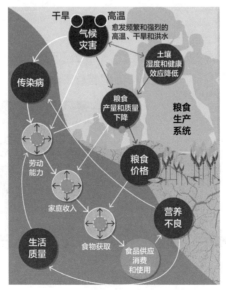

气候灾害对粮食和营养的连锁影响

历史上（1100—1200年），美国加利福尼亚州的升温和干旱曾导致橡树果实产量大幅下降，对当地居民造成了毁灭性打击。

玛雅文明于公元9世纪开始衰落，主要的解释是升温和干旱导致农业大幅减产，从而带来社会、经济和政治的动荡。

如果真的出现粮食短缺，我们有蛋白质替代方案吗？

人造

人类食物和牲畜饲料的蛋白质替代来源
备受关注。实验室或"纯净肉"是未来
人类对蛋白质需求的潜在贡献者之一。

牲畜饲料可以利用其他蛋白质来源：昆虫通常富含蛋白质，是维生素和
矿物质的重要来源。在欧洲，黑水虻、黄粉虫和普通家蝇已被确定用于
饲料产品。

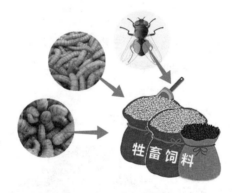

牲畜饲料

用一定比例的昆虫衍生蛋白质代替牲畜作物饲料还可以减少与牲畜生产
相关的温室气体排放。其他来源还有高蛋白木本植物。

多年生木本饲料植物——银合欢

水产食品风险的增加来自高纬度地区的黄曲霉毒素污染、有害藻华等。

改变饮食模式，特别是减少红肉消费，增加水果和蔬菜消费，有助于减少温室气体排放，并有益于身体健康。

红肉

红肉是营养学名词，指在烹饪前呈现出红色的肉，如猪肉、牛肉、羊肉、鹿肉、兔肉等所有哺乳动物的肉都是红肉。红肉中含有很高的饱和脂肪。

如果采用全球膳食指南，每年可避免 510 万人死亡，其中东亚和南亚可避免的死亡人数最多，温室气体减排量也最多。

在中国，满足国家膳食参考摄入量而进行的膳食调整可将每日碳足迹减少 5%～28%。
在印度，优化的健康饮食将导致 2050 年每 10 万人增加 6800 生命年。

参考文献

[1] IPCC. Climate Change 2022: Impacts, Adaptation and Vulnerability [R]. 2022.
[2] [美] 布莱恩·费根. 气候改变世界 [M]. 黄中宪，译. 北京：天地出版社·华夏盛轩，2019.

低碳未来，
刻不容缓

变暖为啥导致碳排放增加？

全球变暖会使地球上重要的生态系统受损，直接释放大量的二氧化碳，导致排放增加。

陆地生态系统在植被、土壤和冻土中含有 3 万亿～ 4 万亿吨碳，是埋存在地下的化石燃料碳储量的 5 倍，是目前大气中碳储量的 4.4 倍。

大气

陆地生态系统
3 万亿～
4 万亿吨碳

地下化石燃料

植被有 0.45 万亿吨碳储量，土壤有 1.7 万亿吨碳储量，冻土有 1.4 万亿吨碳储量。

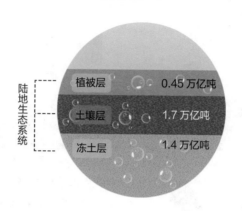

陆地生态系统目前每年可从大气中移除 92 亿～ 158 亿吨二氧化碳，超过人为活动二氧化碳排放的 1/3，减去自身的二氧化碳排放，陆地生态系统每年净吸收 30 亿～ 110 亿吨二氧化碳，是个净碳汇。

森林砍伐、湿地排干、泥炭地焚烧、变暖导致的永久冻土解冻使
生态系统很有可能从碳汇转变为碳源。

热带森林包含世界上最大的植被碳储量，超过 1800 亿～ 2500 亿吨碳
（地上和地下），其中亚马孙森林就包含 450 亿～ 600 亿吨碳。

全球碳密度最高的生态系统
是海岸红木森林，位于美国
加利福尼亚州，其碳储量密
度为每公顷 2600 吨碳。

温度升高会降低热带森林的碳密度。温度每升高 1℃，碳密度就会降低 9.1 吨碳 / 公顷。

亚马孙森林是世界上最大的生物多样性储存库和碳储存库之一。古老的亚马孙森林长期吸收二氧化碳，是个巨大的净碳汇。

然而由于森林砍伐和退化，2003—2008 年亚马孙森林开始成为二氧化碳排放源，成为净碳排放者。2010—2019 年，亚马孙森林的碳损失约为 5 亿吨碳 / 年，相当于每年净排放 18 亿吨二氧化碳。

全球最大的红树林位于亚洲，约占世界红树林的 42%，拥有丰富的
生物多样性。

人类对红树林的砍伐释放了大量的二氧化碳。缅甸是亚洲主要的红树
林损失热点，1975—2005 年损失了 35%，2000—2014 年损失了
28%。缅甸的损失率是全球平均水平的 4 倍。

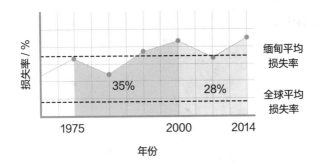

全球泥炭生态系统储存了大约 25%（6000 亿吨碳）的土壤碳。
碳密度高的泥炭地有爱尔兰泥炭沼泽（3000 吨碳 / 公顷）、刚果中心盆
地泥炭地（2200 吨碳 / 公顷）、北极苔原（900 吨碳 / 公顷）等。

然而，由于极端天气、人为排水和农业活动等，全世界泥炭地的碳在迅速流失，泥炭地也正在从碳汇转为碳源。

印度尼西亚为开展油棕种植而排干湿地并焚烧泥炭沼泽，导致泥炭地排放了大量的二氧化碳，达 14 亿～30 亿吨二氧化碳 / 年，强度达到 37 吨二氧化碳 /（公顷·年）。

北极多年冻土包含了1.4万亿吨碳，气候变暖导致冻土释放的二氧化碳量更是惊人。

我们不能只盯着化石燃烧的二氧化碳排放，植被、土壤和冻土这三大魔盒正在被人类打开，其内有着体量惊人的碳储量，远超过化石燃料和大气中的碳。一旦大量释放，将造成灾难性后果。

我们迫切需要做的是广泛和大规模的生态恢复和保育。

在全球范围内，高碳储存区域和高度完整的生物多样性区域之间有 38% 的重叠，但其中只有 12% 受到了保护。

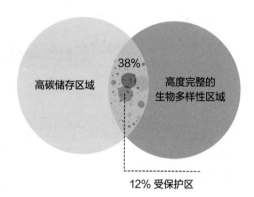

如果我们不想陷入"变暖→破坏→排放→变暖"的恶性循环，就需要立即改变，进入气候适应型发展。

参考文献

[1] IPCC. Climate Change 2022: Impacts, Adaptation and Vulnerability [R]. 2022.

变暖创造极地
新航道?

极地不仅是北极熊和企鹅等活化石物种的家园,而且在调节全球气候
系统和为当地土著人提供生态系统服务方面发挥着重要作用。

极地是全球气候变化的旗舰,
世界其他地方将在 2050 年发
生的一些极端气候影响目前已
经在北极和南极观察到了。

几个世纪以来，极地海域因其自然资源、旅游、科学和海上贸易的潜力吸引了全球各国的想象力。发现一条通过北极连接大西洋和太平洋的海上贸易路线，是全球梦寐以求的事情。

极地变暖的速度是全球平均水平的 2～3 倍，导致海冰范围和厚度迅速减少。海冰融化创造出新的北极海洋贸易走廊。

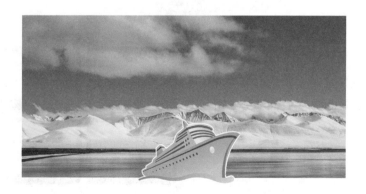

气温升高也缩短了冰冻季节期，更加方便航海。从地理上看，巴拿马运河和苏伊士运河极大缩短了贸易路线，但与之相比，北极则提供了更经济和更及时的商业贸易路线，只是由于多年厚冰而无法实现。

然而，海冰的减少导致"极地航道开放"，提供了特殊的极地航运机会，以前被多年冰雪覆盖的区域将越来越容易进入。

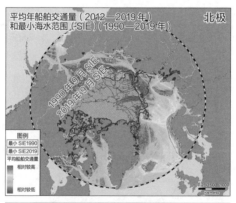

平均年船舶交通量（2012—2019年）和最小海水范围（SIE）（1990—2019年）　北极

1990年9月SIE
2019年9月SIE

图例
最小 SIE1990
最小 SIE2019
平均船舶交通量
相对较高
相对较低

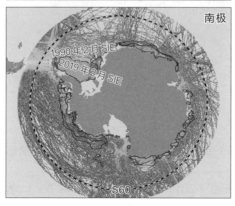

南极

1990年2月SIE
2019年2月SIE

S60

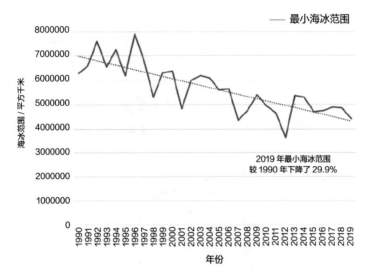

1990—2019 年最小海冰范围（北纬 60° 以北）

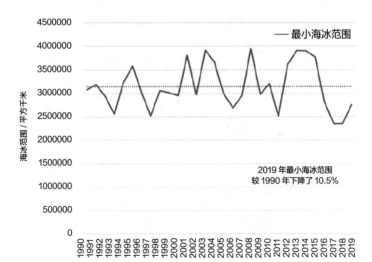

1990—2019 年最小海冰范围（南纬 60° 以南）

极地旅游的增长在很大程度上归因于"最后旅游机会"的市场炒作。这种商业模式主要营销和宣传的是针对脆弱或正在消失地区或特征（即冰川、北极熊等）的体验和旅游，鼓励游客"在它们离开之前"参观和体验。

北极地区变暖加剧，导致海冰范围以每 10 年 13% 的速度下降。无论采取何种减缓措施，预计在 21 世纪中叶之前，北极将在 260 万年的时间尺度上首次出现季节性无冰，并使北极海上贸易完全成为现实。

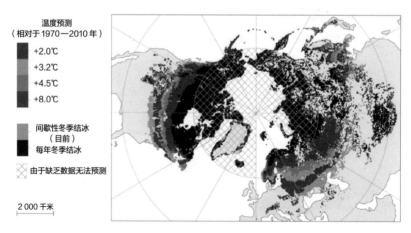

温度预测
（相对于 1970—2010 年）
+2.0℃
+3.2℃
+4.5℃
+8.0℃

间歇性冬季结冰
（目前）
每年冬季结冰
由于缺乏数据无法预测

2 000 千米

北半球冬季间歇性冰覆盖湖泊的未来变化趋势

北极有三条可能的贸易路线：北海航线 (NSR)、西北航道 (NWP) 和跨极海航线 (TSR)。

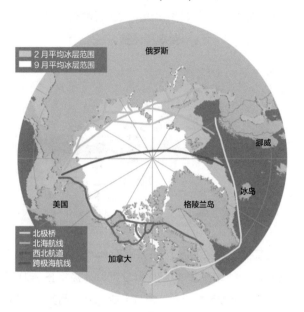

北极和非北极国家都在积极投资，以期利用新航道。2013—2019 年，进入北极的船舶交通量增长了 25%，总航程增加了 75%。

相比 21 世纪初,预计到 21 世纪中叶,北海航线的可达性将增加 18%,到 2050 年,普通船舶每年也可航行 101 ~ 118 天,到 2100 年将达到 125 ~ 192 天。

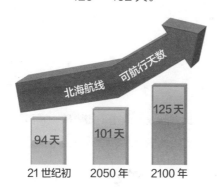

1990 年以来,西北航道的船舶航行里程增加了 2 倍。与当前相比,2050 年,西北航道的可达性会增加 30%。

跨极海航线在历史上仅适用于破
冰船、潜艇及偶尔的军事和科学
活动，但随着温度的快速上升，
其或将成为繁忙的贸易通道。

北极海上贸易的增长将导致污染物（如黑碳、噪声等）的快速增加，
对当地生态系统造成严重干扰。

商业活动还会给当地文化和社区带
来各种复杂和深远的影响，使这一
地区被强行拉入原本不属于他们的
商业社会。

更重要的是，高强度贸易会显著影响具有潜在临界点的极地系统，包括
永久冻土和海冰流失等，引发北极生态系统突变，这些转变是
永久性的和不可逆转的。

你觉得气候变暖有可能带来哪些
新的产业变化和问题？

参考文献

[1] IPCC. Climate Change 2022: Impacts, Adaptation and Vulnerability [R]. 2022.

全球农业的"诺亚方舟"受到了怎样的气候威胁?

挪威的朗伊尔城(Longyearbyen)是全球最北的城市(北纬78°),距离北极点只有1300千米,每年有3个月的极夜时间。

朗伊尔城的常住居民约为2400人,长期以来当地居民一直过着一种世外桃源式的生活。

但它却是世界上最开放、最友好的小镇。朗伊尔城的"非歧视原则"允许包括中国在内的 46 个签署国公民无签证居住。

但是因为全球变暖，这个小镇正在遭受毁灭性打击。

朗伊尔城可能是世界上变暖速度最快的城镇。1971 年以来，当地气温上升了大约 4℃，是全球平均水平的 5 倍，冬天的气温比 50 年前高出 7℃。

2009 年以来，朗伊尔城深层永久冻土的温度以每年 0.06 ～ 0.15℃的速度增加。

永久冻土的融化引起当地面和建筑的隆起或坍塌，导致道路破裂，甚至暴露出令人毛骨悚然的古老坟墓。

曾经罕见的狂风暴雪已经时常在当地发生，并会引发雪崩。

海冰也正在消退，当地从山上向下延伸的冰川是地球上融化速度最快的冰川之一。

更为严重的是，由于"最后旅游机会"，朗伊尔城的旅游市场暴增，
其社会结构和人口发生了根本性变化。

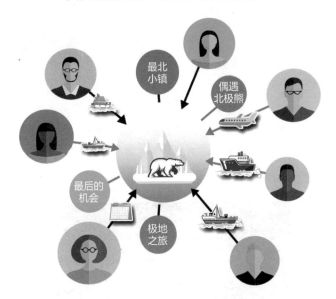

现在约 30% 的全职工作都在旅游业。

2019 年，朗伊尔城的"宾客之夜"人口数量超过 15 万人。

以旅游业驱动的短期快速流动性居民对朗伊尔城的归属感低，更缺乏对当地社区与文化的建设和维护。反倒是本土居民变得越来越不适应。

你可能还不知道，全球最大的种子库——斯瓦尔巴全球种子库就矗立在朗伊尔城，那里储存着来自世界各国上百万份农作物种子，被联合国粮食及农业组织称为全球农业的"诺亚方舟"。

它的创建是为在地球发生陨石撞击、核战争、气候变化等全球性灾难时充当后备力量，以避免作物物种灭绝。

朗伊尔城危在旦夕。讽刺的是，我们还把它当作人类最后的救命稻草。

改变一个小镇，可能就是改变我们人类的命运和未来。

朗伊尔城是气候变化给一个城市或社区的生态、环境、社会、经济、人口和文化带来综合性影响的典型案例。

气候变暖正在给这些极地典型地区带来颠覆性影响，这些典型地区的变化可能预示着我们的未来。就像一根冰棒，顶端先融化了，中间和根部的融化也是迟早的事。

参考文献

[1] IPCC. Climate Change 2022: Impacts, Adaptation and Vulnerability [R]. 2022.

森林明明是碳汇，
种树为啥成了碳排放？

我们怎么判断适应行动是否成功？　　　这个问题无法回答，
　　　　　　　　　　　　　　　　　　至少无法正面回答。

侧面回答也行

目前，没有评价适应行动成功
与否的通用方法，但是可以判
断我们的适应行动是否失败，
或者是否适应不良。

适应
不良

适应不良，即适应行动产生了意想不到的负面影响，如加剧或转移了脆弱性，增加了某些人或生态系统的风险，或增加了温室气体排放。

举个例子，非洲植树造林项目（AFR100）的目标是到 2030 年种植约100 万平方千米的树木，相当于要造出两个黑龙江省大小的森林。

AFR100 的部分项目错误地将非洲开放生态系统（草原、稀树草原、灌木丛）标记为退化并适合的造林区。

事实上，这些生态系统没有退化，它们是在干扰（火/草食）下持续进化的古老生态系统，是高度多样性的生态系统。

野火烧不尽，春风吹又生。

在这些区域造林，不仅牺牲了生物多样性，而且破坏了地下碳库，增加了碳排放。

固 碳

植树造林减少了地下碳储存，并增加了地上碳损失。同时，造林会减少牲畜饲料、生态旅游潜力和水资源可用性，还会降低反照率，直接增加变暖，因为森林可以比草原吸收更多的入射辐射（热量）。

外来树种通常被选为种植树种，在非洲部分地区它们已成为入侵物种。

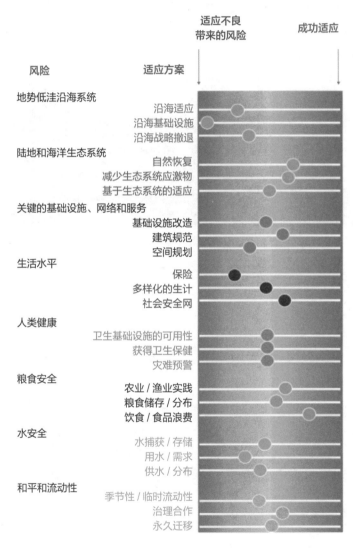

适应方案对可能成功的适应和适应不良风险的贡献

不是所有地方都适合种树。在历史上没有森林的地区（草原、灌木丛、稀树草原、泥炭地等）造林会减少生物多样性并增加气候变化造成的损害。

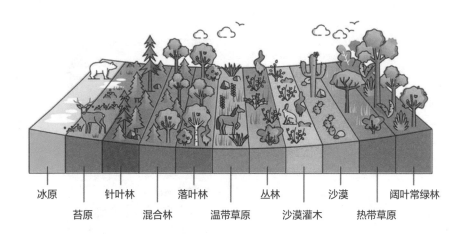

| 冰原 | | 针叶林 | | 落叶林 | | 丛林 | | 沙漠 | | 阔叶常绿林 |
| 苔原 | | 混合林 | | 温带草原 | | 沙漠灌木 | | 热带草原 |

一棵树可以在某处生长，并不意味着它应该在那生长。

另一个案例是泥炭地。泥炭地储存了大量的碳，许多温带和北方的泥炭地自然无树。在这里种植树木通常要在排水后才能进行，但排水和种植（尤其是非本地物种）会破坏本地的生物多样性并释放大量的温室气体。

泥炭地是单位面积碳累积速度最快、碳堆积量最大和碳密度最高的生态系统。

把沙漠变成森林与把森林变成沙漠都是非常危险的生态改造，因为它们在本质上改变了原生生态系统。

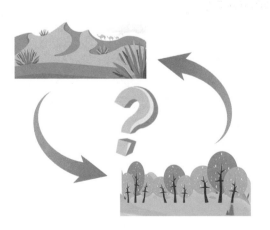

对于适应行动的评价，公开、透明的监测、报告、反馈和调整非常重要，这是一个长期试错和迭代的过程。

参考文献

[1]IPCC. Climate Change 2022: Impacts, Adaptation and Vulnerability [R]. 2022.

碳市场的
中国智慧

我们为什么要了解碳市场，它对我们意味着什么？

听说我国碳市场交易都突破 **10 亿元**了！

碳市场到底是怎么来的？我们为什么需要碳市场呢？

碳市场对我们每个人都有着非常重要和深远的影响。

我们已经进入**碳市场元年**。

碳市场的目的是什么？

应对气候变化，减排温室气体，以市场化手段降低减排成本！

碳减排是一个成本和代价很高的事情。

全球减排谈何容易！不仅全球、各国是这样，碳排放企业更是如此！

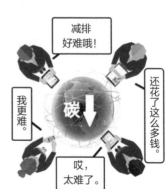

减排好难哦！

我更难。

还花了这么多钱。

哎，太难了。

从联合国1997年通过《京都议定书》开始，全球就立志要减排二氧化碳。可事实是，从1997年到现在二氧化碳排放量一直在增加。

碳市场能有效降低全社会的减排成本。

减排 1 吨碳要花 100 元。

今年又要花这么多钱。

我这里 1 吨碳才 50 元。

我买！我买！

企业如果觉得自己的减排成本高，可以在碳市场上购买低于自己减排成本的排放配额。

配额是个啥东西？

二氧化碳排放权。

排放配额就是政府分给企业的二氧化碳允许排放量。政府分给企业一定的碳配额或者碳排放权，如果企业的实际碳排放低于配额，就可以把剩余的配额在市场上出售；如果企业的实际碳排放超过配额，就需要从市场上购买其他企业富余的配额。这个市场就是碳市场。

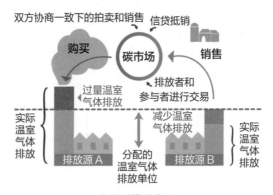

一张图看懂碳交易

交易碳排放权就能实现碳减排？

成本高

减排量

成本低

市场交易的真正作用
是降低减排成本！

碳排放交易本身并不会
减少碳排放量，但却可以降
低减排成本，让减排量流动
到成本最低的地方去。

碳市场交易的并不是二氧化碳，而是二氧化碳排放的权利。

排放权

碳市场是政府为了控制
企业的二氧化碳排放，同时
又想引导企业以最低成本实
现减排，从而人为制造出来
的一个市场。

人造市场！
是哪个机智的人发明出来的？

"碳市场"这个概念是
在1992年6月联合国环境与
发展大会通过的《联合国气
候变化框架公约》中第一次
被提出的。

应该是全人类的智慧！

1997 年，第一个碳减排市场体系（芝加哥）建立。截至 2021 年，全球共有 24 个运行中的碳市场，涵盖了全球碳排放的 16% 左右。

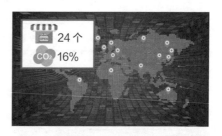

24 个
CO₂ 16%

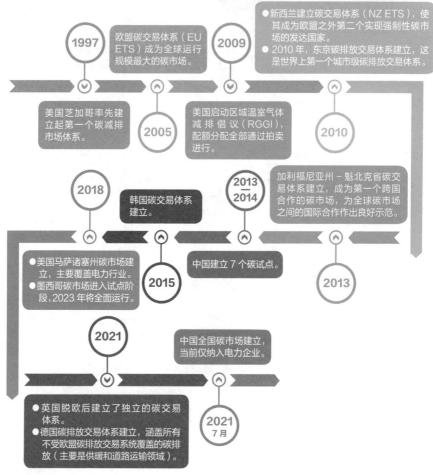

1997
美国芝加哥率先建立起第一个碳减排市场体系。

2005
欧盟碳交易体系（EU ETS）成为全球运行规模最大的碳市场。

2009
美国启动区域温室气体减排倡议（RGGI），配额分配全部通过拍卖进行。

- 新西兰建立碳交易体系（NZ ETS），使其成为欧盟之外第二个实现强制性碳市场的发达国家。
- 2010 年，东京碳排放交易体系建立，这是世界上第一个城市级碳排放交易体系。

2010

2013
加利福尼亚州 – 魁北克省碳交易体系建立，成为第一个跨国合作的碳市场，为全球碳市场之间的国际合作作出良好示范。

2013—2014

2018
韩国碳交易体系建立。

2015
中国建立 7 个碳试点。

- 美国马萨诸塞州碳市场建立，主要覆盖电力行业。
- 墨西哥碳市场进入试点阶段，2023 年将全面运行。

2021
中国全国碳市场建立，当前仅纳入电力企业。

2021 7 月
- 英国脱欧后建立了独立的碳交易体系。
- 德国碳排放交易体系建立，涵盖所有不受欧盟碳排放交易系统覆盖的碳排放（主要是供暖和道路运输领域）。

正在运行的碳市场司法管辖区占全球 GDP 的 54%，影响力最高的当属欧盟碳市场。

碳市场
成交额

GDP

2020年，欧盟碳市场成交量为18.16亿吨二氧化碳，占全球碳市场的38%，成交额达到1700亿欧元，相当于伊朗一年的GDP。

中国国内最早的碳交易是以清洁发展机制（CDM）形式出现的。我国第一个 CDM 项目是 2005 年在联合国注册成功的荷兰政府与中国签订的内蒙古自治区辉腾锡勒风电场项目，其核证减排量（CERs）的支付价格为 5.4 欧元 / 吨，年均减排量约为 5.4 万吨，中国企业获得了近 2000 万元人民币的收入。这是我国第一笔碳交易。

清洁发展机制是指发达国家通过资金支持或者技术援助等形式，与发展中国家开展减少温室气体排放的项目开发与合作，取得相应的减排量，这些减排量被核实认证后成为核证减排量，可用于发达国家履约。

内蒙古

中国最早在碳市场试水的企业都成了真正的受益者。

2002—2005年，约有60亿元人民币的资金被投入中国CDM项目。这些项目分别为2003年年初开工的小孤山水电站、2004年开工的内蒙古辉腾锡勒风电场项目、2005年10月投入运行的吉林洮南49.3兆瓦风电场项目和2005年年底开工的云南大梁子水电站。

碳市场对新能源企业发挥了重要的扶持作用。

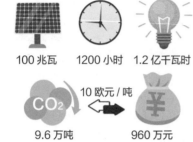

100 兆瓦　　1200 小时　　1.2 亿千瓦时

CO₂
9.6 万吨

10 欧元 / 吨

960 万元

以中国CDM项目中一个太阳能发电项目为例，如果装机100兆瓦，按照每年发电1200小时计算，每年可以发电1.2亿千瓦时，产生9.6万吨二氧化碳排放。如果按照国外买家的采购价10欧元/吨计算，2013年约可以产生960万元的收入。企业不需要有实质性付出。即便是特斯拉，其2020年的全年利润只有7.2亿美元，如果去除售卖碳积分收入的15.8亿美元，就成了亏损企业。

发展中国家不承担《京都议定书》减排责任，所以 CDM 碳交易只是一个单向交易，发达国家买，发展中国家卖。

2013年之后，由于核证减排量的最大需求方欧盟表示，其碳市场从2013年开始只从最不发达国家购入核证减排量，我国CDM的签发数量大幅减少。

2011 年，我国提出要通过排放权交易管理碳排放。

国家发展改革委办公厅关于开展碳排放权交易试点工作的通知

2011年，我国在"十二五"规划中首次提出要利用排放权交易管理碳排放。国家发展改革委选择北京、天津、上海、重庆、广东、湖北及深圳7个省（市）开展试点碳排放交易市场建设。

2013 年，深圳率先启动试点碳市场，
之后上海、北京、广东、天津、湖北、
重庆的试点碳市场也相继启动。

2021 年 7 月 16 日，全国碳市场正式启动，成为全球第一大碳排放
交易体系。

目前，中国全国碳市场只纳入了2162家发电企业，碳排放总量约为45亿吨，远远超过欧盟碳市场覆盖的排放量（18.16亿吨）。

说了这么多，
碳市场跟我有啥关系呀？

全国碳交易市场
相当于政府建立的
碳中和时代的比特币交易体系，
你说对你重不重要？

如果你在传统能源或者高能耗企业（火电、钢铁、水泥、石化、化工等）工作，由于这些企业会被优先纳入碳市场，你的工作和未来发展将会受到直接影响。

如果你从事金融行业，碳市场到来后，相关碳金融衍生品将油然而生，必然会对金融行业产生重大影响。碳金融时代已经开始了。

那如果我只是个普通人呢？

小富即安，
理个财、炒个股，
那更要关注碳市场。
即使不靠碳市场发家致富，
我们的生活也与之处处相关。

碳市场会影响到我们每个人的方方面面。

碳市场是个新兴市场，又是一个关乎未来40年的巨大潜在市场，每个人的吃、穿、住、行都会与碳排放相关，碳市场的影响会通过企业生产和消费链条传递到个人，不被碳市场影响是不可能的。

首先可能就是用电！

电力　碳市场

哦，还真是！
发电企业已经全部纳入碳市场了。

尽早关注、提前了解、积极准备，你就掌握了碳中和时代的先机。

如果中国碳市场可以接受个人减排量交易，

你最想用来交易的减排量来自哪里？

例如：

我现在由每天开车上下班改为坐公交上下班，

这个减排量是我最想拿去碳市场交易的；

我在动感单车上装个小型发电机，发出来的电给手机充电，

相当于减少了电网用电，岂不是可以去碳市场交易？

参考文献

[1] International Carbon Action Partnership. Emissions trading worldwide 2021[R]. 2021.

[2] Refinitiv. Refinitiv Carbon Market Survey 2021: Higher carbon price triggers companies to slash emissions [R]. 2021.

[3] Weng Q, Xu H. A review of China's carbon trading market[J]. Renewable and Sustainable Energy Reviews, 2018, 91(8):613–619.

[4] Takashi Kanamura. Handbook of Energy Economics and Policy[M]. Academin Press, 2021.

[5] The World bank. GDP(current US$)[EB/OL].[2023-03-12]. https://data. worldbank.org/indicator/NY.GDP.MKTP.CD.

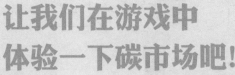

让我们在游戏中
体验一下碳市场吧!

碳市场究竟是怎么
运行起来的?

你不是喜欢打游戏吗?
那我们就用游戏的方式
帮你理解碳市场吧!

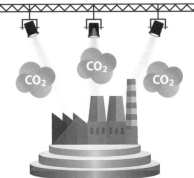

碳市场的主角是重点
排放企业。

游戏规则是政府设计的，而且政府也分三级，各司其职。

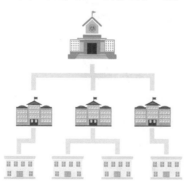

生态环境部负责制定整体规则。

生态环境部负责制定全国碳排放权交易及相关活动的技术规范，如确定配额分配方法和核查指南，并对温室气体排放报告和核查进行监督管理。

省级和市级生态环境主管部门主要负责执行规则。

- 省级生态环境主管部门确定本地区重点排放单位名单，并开展碳排放配额分配额清缴，组织重点企业温室气体排放报告的核查等活动；
- 市级生态环境主管部门负责配合省级生态环境主管部门落实相关工作，并根据相关管理办法对企业进行监督管理。

这些都是游戏开发者，
不参与游戏。

碳排放权就是游戏中的价值体系，
也就是游戏金币或者积分。

初始碳排放权是从政府获取的。

直接要，就能给我吗？

要有账号，有了账号还得去指定平台申请。

申请平台就是全国碳排放权注册登记平台，由湖北碳排放权交易中心有限公司承担，负责注册登记系统中的账户开立和运行维护等具体工作。

哦，这就是游戏的用户系统了。

用户系统还负责游戏玩家的积分和排名。

全国碳排放权注册登记平台负责记录碳排放配额的持有、变更、清缴、注销等信息，并提供结算服务，公布登记信息。

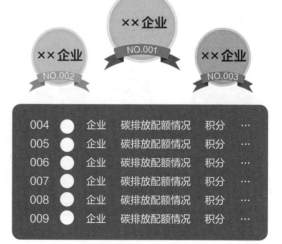

真正的游戏，一定有交易场景和交易平台。

碳排放权交易平台由上海环境能
源交易所股份有限公司承担，负责交
易系统的账户开立和运行维护，组织
开展全国碳排放权集中统一交易，公
布交易、结算信息。

硬核货币，当然是得多
囤点，升级打怪就靠它了。

氪金大佬。

没货币，打不过啊，
得多囤点！

不过小心囤太多，
降价赔钱！

不想赔钱可以花钱买"攻略"。

碳咨询机构就是提供"攻略"
的机构，有专业人员指导何时交易更
划算，还可以协助企业编制碳排放
报告。

游戏攻略 >

1. 企业未来碳排放量情景预测。
2. 设立企业碳排放控制目标与措施。
3. 建立企业碳排放管控风险对冲机制。
4. 制定企业碳资产开发与管理办法。
5. 建立企业碳排放管理能力培训计划。
6. 制定企业碳排放管理体系。
7. 展开企业低碳竞争力分析。

......

游戏战果需要汇总成册，即"排放报告"。

温室气体排放报告要在专门的数据报送平台上上传，数据报送平台依托全国排污许可证管理信息平台建成。

这个报告有啥用？

升级为大 BOSS 的"考卷"啊！

这个游戏战果（排放报告）需要由游戏中的中立者验明正身，才能成为最终成绩。

审核通过

这个中立者就是政府花钱买的"辅助"，即碳核查机构（第三方机构），其受省级生态环境主管部门委托，对企业温室气体排放报告进行核查，核查结果可作为企业碳排放配额清缴的依据。

还要有卖装备和武器的，以加持你的战斗力！

各种专业检测机构为企业提供煤质化验、热值测试等技术性服务，使企业的温室气体核算结果更加精准，从而在碳交易市场中稳中取胜。

我这个路人甲
咋样才能成为大BOSS？

现在就躬身入戏、
打怪升级啊！

你最想在碳市场中扮演哪个角色?

例如:

若想作为企业,那就成为主角,不断升级通关;

若想作为碳咨询机构,那就成为主角的"军师",

辅助企业实现减排目标;

若想作为个人用户,那就白手起家,创立一番碳事业!

参考文献

[1] 生态环境部,碳排放权交易管理办法(试行)[EB/OL].(2021-03-26)[2022-12-02]. https://www.mee.gov.cn/xxgk2018/xxgk/xxgk01/202105/W020210519636657102983.pdf.

[2] 生态环境部,碳排放权交易管理暂行条例(草案修改稿)[EB/OL].(2021-03-30)[2022-12-02]. https://www.mee.gov.cn/xxgk2018/xxgk/xxgk06/202103/t20210330_826642.html.

[3] 生态环境部,碳排放权登记管理规则(试行)[EB/OL].(2021-05-14)[2022-12-02]. https://www.mee.gov.cn/xxgk2018/xxgk/xxgk01/202105/t20210519_833574.html.

[4] 生态环境部,碳排放权交易管理规则(试行)[EB/OL].(2021-05-14)[2022-12-02]. https://www.mee.gov.cn/xxgk2018/xxgk/xxgk01/202105/t20210519_833574.html.

[5] 生态环境部,碳排放权结算管理规则(试行)[EB/OL].(2021-05-14)[2022-12-02]. https://www.mee.gov.cn/xxgk2018/xxgk/xxgk01/202105/t20210519_833574.html.

碳排放配额如何计算和分配?

碳排放配额是碳市场发行的初始硬通货。

碳排放配额直接决定着企业（仅针对排放企业发放配额）的排放空间和发展，类似计划经济时代的"粮票"；发放配额的多少直接影响市场上碳排放权的稀缺性，也就会影响市场中的碳价格。

配额分配都是有科学依据的，而且都是全国统一、公开透明的。

117

国际碳市场的配额分配方法有 4 种：祖父法、基准线法、拍卖法和混合法。

（1）祖父法

爷爷排多少，孙子拿多少。

（3）拍卖法

公平交易，有偿排碳。

（2）基准线法

向先进排放值看齐！

（4）混合法

祖父法、基准线法、拍卖法自由混搭。

祖父法，根据企业历史排放水平进行分配；基准线法，以企业和行业单位产品的碳排放先进值为基准来计算；拍卖法，从指定的拍卖处购买配额；混合法，以上三种的混合。其中，前两种方法都是免费分配的，拍卖法则是有偿分配的。

我国用哪种方法？

基准线法，也叫标杆法。

祖父法对已经积极减碳的企业不公平。

低排放企业　不公平　高排放企业

高排放企业明明是最应该控制其排放的，但祖父法却给了他们高配额。而低排放企业明明应该鼓励其发展，但却给了他们低配额，这显然违背了碳市场设立的初衷。

欧盟碳市场在第一阶段（2005—2007 年）使用了祖父法，也暴露出其缺点。随后欧盟碳市场逐渐调整了分配方法，采用基准线法和拍卖法。

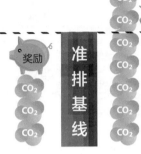

基准线法可以使碳排放强度高的企业分配到少的配额，达到高碳企业受"惩罚"、低碳企业得"奖励"的目的。

那咱们咋不选择拍卖法呢？

你想花钱买全部配额？

No！No！No！No！No！

全国碳市场刚刚建立，确定了"免费分配为主、有偿分配为辅"的方法。随着全国碳市场的逐渐完善，有偿分配的比例会逐渐提高。

基准线法是咋算的？

生态环境部在2020年年底发布了《2019—2020年全国碳排放权交易配额总量设定与分配实施方案（发电行业）》，明确规定了纳入全国碳市场的发电企业的配额分配方法。

中华人民共和国生态环境部
Ministry of Ecology and Environment of the People's Republic of China

政府信息公开

名　称	关于做好 2019 年度碳排放报告与核查及发电行业重点排放单位名单报送相关工作的通知		
索 引 号	000014672/2019-00044	分　类	应对气候变化
发布机关	生态环境部办公厅	生成日期	2019
文　号	环办气候函〔2019〕943 号	主　题	

先来说说现在全国碳市场都纳入了哪些企业。

当前，只有2013—2019年任一年综合能源消费量在1万吨标准煤（碳排放量约为2.6万吨）及以上的发电企业或自备电厂才会被纳入全国碳市场，其实是电力企业碳市场，一共纳入了2162家发电企业。

2021年，全国碳市场需要同时履约2019年和2020年的碳排放量。

现在发的是2019年和2020年的配额？完成的是这两年的排放指标？

是的，这次特殊，一次履约两年的碳排放。

清缴履约是指企业根据年度实际排放量在碳排放权登记平台上提交相应的配额指标。

有些企业规则特殊，需要注意！如果企业参与了地方分配，就不参与国家分配了。

2019年在地方参与分配但2020年未分配的企业，不参加2019年全国碳市场的分配和清缴；2019年和2020年均参与地方分配的企业，不参加2019年和2020年全国碳市场的分配和清缴。

电力企业的配额包括两部分：发电配额 + 供热配额。

燃煤发电企业看这里。

300兆瓦等级以上机组指额定功率不低于400兆瓦的发电机组，300兆瓦等级以下机组指额定功率小于400兆瓦的发电机组。简单来说，取额定功率（单位为兆瓦）的百位数为等级分类。

燃煤机组 >

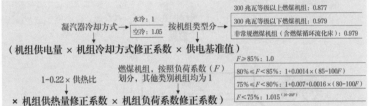

凝汽器冷却方式 → 水冷：1　空冷：1.05　按机组类型分 →

| 300兆瓦等级以上燃煤机组：0.877 |
| 300兆瓦等级以下燃煤机组：0.979 |
| 非常规燃煤机组（含燃煤循环流化床）：0.979 |

（机组供电量 × 机组冷却方式修正系数 × 供电基准值

燃煤机组，按照负荷系数（F）划分，其他类别机组均为1

| $F \geq 85\%$：1.0 |
| $80\% \leq F < 85\%$：$1+0.0014 \times (85-100F)$ |
| $75\% \leq F < 80\%$：$1+0.007+0.0016 \times (80-100F)$ |
| $F < 75\%$：$1.015^{(16-20F)}$ |

1-0.22 × 供热比

× 机组供热量修正系数 × 机组负荷系数修正系数）

燃煤机组配额总量 = 机组供电配额 + 机组供热配额

（供热基准值 × 机组供热量）

按机组类型分 →

| 300兆瓦等级以上燃煤机组：0.126 |
| 300兆瓦等级以下燃煤机组：0.126 |
| 非常规燃煤机组（含燃煤循环流化床）：0.126 |

燃气机组

燃气发电企业看这里。

燃煤机组配额总量 = 机组供电配额 + 机组供热配额

1-0.6 × 供热比　　　　　　　　取 0.392

= （机组供电量 × 机组供电量修正系数 × 供电基准值

取 0.059

+ （机组供热量 × 供热基准值）

供热比（供热量/锅炉总产热量）最难算！

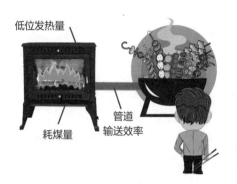

低位发热量

耗煤量

管道
输送效率

企业生产运行时很难对锅炉总产热量（总产热量=主蒸汽量×主蒸汽焓-给水量×给水焓）进行明确精准的计算。它受到主蒸汽的温度、压力和给水温度压力的影响，是一个不断变动的参数。若想精准计算，需要用到积分公式，所以企业在实际计算中用"锅炉的煤耗量×低位发热量×管道输送效率"来近似计算。

够烧脑吧！

我的大脑已经烧得可以供热去领配额了。

碳配额发放两次：第一次是预分配，第二次是最终核定。

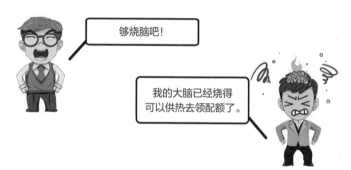

70% 30%

第一次先参考2018年的供电（热）情况，预发70%的配额，在2019年和2020年碳排放数据核查之后敲定最终配额，多退少补。

燃气机组多发电不用买配额，少发电可以去卖配额。

为了鼓励燃气机组发展，
按实际排放量与已得免费配额
中的最小值来上缴配额。

如果严重超排，也不会履约到破产，因为有清缴上限。

碳配额 =100 吨（免费）

核查排放量 ×20%=40 吨（交钱）

剩余排放量 =60 吨（无须履约）

　　如果发电企业的配额缺口非常大（严重超
排），那清缴的上限是免费配额量+核查排放
量×20%。例如，给企业分了100吨的配额，
如果企业今年排放了200吨，那么需要清缴的
配额就是100+200×20%=140吨，而不是
200吨。

配额还可以转存哦！

企业履约（清缴配额）之
后，若配额仍有剩余，可以结
转下一年使用。

如果全国碳市场给个人发放配额，
你觉得最合理的办法是什么？

例如：

分省按人均，各省有差别，省内都一样；

按年龄大小，不同年龄的人消费差异巨大。

参考文献

[1] 生态环境部. 2019-2020年全国碳排放权交易配额总量设定与分配实施方案（发电行业）[EB/OL].(2020-12-30)[2022-12-02].https://www.mee.gov.cn/xxgk2018/xxgk/xxgk03/202012/W020201230736907121045.pdf?fbclid=IwAR0lMkdsACwXsYopAMaLazAlyyceiYmSndrjRh221-QgYzu7Z-uO8yUoDLE.

[2] 生态环境部. 碳排放权交易管理办法（试行）[EB/OL].(2021-03-26)[2022-12-02]. https://www.mee.gov.cn/xxgk2018/xxgk/xxgk01/202105/W020210519636657102983.pdf.

[3] Shepherd, Christian. China launches world's biggest carbon trading scheme but analysts cautious: Commodities. Financial Times[N]. London (UK), 2021-07-17(17).

[4] Shen Neng, Zhao Yuqing, Deng Rumeng. A review of carbon trading based on an evolutionary perspective[J]. International Journal of Climate Change Strategies and Management, 2021(5): 739-756.

[5] Tang Baojun, Hu Yujie, Yang Yang. The Initial Allocation of Carbon Emission Quotas in China Based on the Industry Perspective[J]. Emerging Markets, Finance & Trade, 2021(57): 931-948.

企业碳排放报告，
难点是啥？
坑点在哪？

不找碳咨询机构，
企业自己能完成
温室气体排放报告吗？

必须能，按照指南算！

首先需要注意的是，当前官方发布了多个企业温室气体排放核算方法与
报告指南。发布时间不同，应用场景不同，千万要注意！

以电力行业为例，已有 5 份官方发布的企业温室气体排放核算方法与报告指南，以下分别简称 2013 年指南、2015 年指南、2021 年指南、2022 年 3 月指南和 2022 年 12 月指南。

2013年，国家发展改革委印发了首批10个行业企业温室气体排放核算方法与报告指南（试行），其中就包含发电行业。

2015年，中国国家标准化管理委员会发布了《温室气体排放核算与报告要求 第1部分：发电企业》（GB/T 32151.1-2015）。

2021年3月，生态环境部出台了《企业温室气体排放核算方法与报告指南 发电设施》，明确了企业如何核算。

2022年3月，生态环境部制定了《企业温室气体排放核算方法与报告指南 发电设施（2022年修订版）》。

2022年12月，生态环境部发布了《企业温室气体排放核算方法与报告指南 发电设施》，并从2023年1月开始实施。

2015 年指南是参考 2013 年指南完成的，其方法和适用范围完全一样，所以等价使用。

企业 2020 年以前（不包括 2020 年）的碳排放报告可以使用 2013 年指南。

企业 2020 年的温室气体排放报告和第三方核查机构提交的核查报告都需要使用 2021 年指南。2021 年的温室气体排放报告要用 2022 年 3 月指南，但随着最新指南的实施，2023 年报送 2022 年的核算报告就要用最新的 2022 年 12 月指南了！

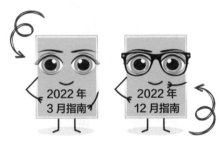

纳入碳市场的发电设施与发电企业的边界不太一样，只核算发电设施带来的直接排放和间接排放。像末端治理（脱硫）这些都不在核算范围内，故取消了脱硫过程核算。

2021 年指南在 2013 年指南的基础上做了细化，同时取消了脱硫过程的二氧化碳排放核算。2022 年 3 月指南又在 2021 年指南的基础上做了部分数据修正，但整体变化不大。2022 年 12 月指南则对相关参数、公式等都做了进一步修订。

具体还有啥不同？

一、适用范围更大

与 2013 年指南相比，2021 年指南的适用范围更大。2022 年发布的两个指南的覆盖范围与 2021 年指南一样。

2021 纳入发电设施

2013 针对发电企业

2013 年指南是针对发电企业（以发电为主营业务的独立核算单位）的。2021 年指南针对的是发电设施，包括发电企业和其他行业的发电设施（自备电厂）。

具体方法的细节差异见下图。一定要仔细看，细节决定成败！

2013 年计算方法

排放总量 = 化石燃料燃烧排放 + 脱硫过程排放 + 净购入使用电力排放

2021 年及以后计算方法

排放总量 = 化石燃料燃烧排放 + 净购入使用电力排放

二、统一数值

2021 年指南统一规定了碳氧化率（99%），并要求煤耗量首选入炉煤量，其次才是入厂煤量。

碳氧化率（OF$_i$）指的是燃料中的碳在燃烧过程中被氧化成二氧化碳的比率。

2021 年指南还统一了电网排放因子，采用 0.6101 吨二氧化碳/兆瓦时。2022 年 3 月指南又将电网排放因子修改为 0.5810 吨二氧化碳/兆瓦时。最新发布的 2022 年 12 月指南没有将固定的电网排放因子写入，具体由生态环境部另行发布最新值。

三、数据质量要求更高

推荐企业自行检测煤样的低位发热量和单位热值含碳量。

目前，企业的煤样可以外送至检测机构进行检测，但之后应具备自测水平。

检测机构要在收到样品后的一个月内出具报告，而且企业每个月都要检测一次煤样。

样品来啦！

一月一报！

检测报告应载明收到样品的时间、样品对应的月份、样品测试标准和样品测试结果对应的状态（收到基、干燥基和空气干燥基），不同状态下测出的结果差异很大。

2022年12月指南更新了最新的缺省值，低位发热量缺省值为26.7吉焦/吨，单位热值含碳量取0.03085吨碳/吉焦（不含非常规燃煤机组），非常规燃煤机组为0.02858吨碳/吉焦。

万一企业没有检测怎么办？

那就要用缺省值计算排放量了。

缺省值往往使用高值，使用缺省值意味着排放计算结果会被显著高估。

CO₂

CO₂

实测值计算排放

缺省值计算排放

缺省值使用的是较高的低位发热量值和单位热值含碳量，因而导致计算结果往往高于企业的实际排放量。

唉

那企业岂不是亏大了!

不检测就要多花钱履约,
所以还是老老实实地自行检测吧。

四、填报内容更多

2021 年指南、2022 年 3 月指南、2022 年 12 月指南除了要上报
碳排放情况,还应上报相关生产信息。

> 新指南要求重点排放单位报告生产相关信息,如发电量、供电量、供热量、供热比、供电煤耗、供热煤耗、运行小时数、负荷(出力)系数、供电碳排放强度、供热碳排放强度等数据。

划重点

1. 企业自己能完成温室气体排放报告,需要按照指南算,
指南的选择应注意其发布时间和应用场景。

2. 不同版本的指南有啥区别?

以电力行业为例:

①适用范围更大;

②取消了脱硫过程的二氧化碳排放核算;

③统一数值;

④数据质量要求更高

⑤填报内容更多。

参考文献

[1] 国家发展和改革委员会. 中国发电企业温室气体排放核算方法与报告指南（试行）[EB/OL]. [2022-12-02]. https://www.gov.cn/gzdt/att/att/site1/20131104/001e3741a2cc13e13f1101.pdf.

[2] 中国国家标准化管理委员会. 温室气体排放核算与报告要求（第1部分 发电企业）：GB/T 32151.1—2015 [S/OL]. (2015-11-19)[2022-12-02]. http://www.sac.gov.cn/gzfw/ggcx/gjbzgg/201536/.

[3] 生态环境部. 企业温室气体排放核算方法与报告指南（发电设施）[EB/OL]. (2021-03-29)[2022-12-02]. https://www.mee.gov.cn/xxgk2018/xxgk/xxgk05/202103/t20210330_826728.html.

[4] 生态环境部. 企业温室气体排放核算方法与报告指南 发电设施（2021年修订版）[EB/OL]. (2021-12-02)[2022-12-02]. https://www.mee.gov.cn/xxgk2018/xxgk/xxgk06/202112/t20211202_962776.html.

[5] 生态环境部. 企业温室气体排放核算方法与报告指南 发电设施（2022年修订版）[EB/OL]. (2022-03-10)[2023-03-15].https://www.mee.gov.cn/xxgk2018/xxgk/xxgk06/202203/t20220315_971468.html.

[6] 生态环境部. 企业温室气体排放核算方法与报告指南 发电设施 [EB/OL]. (2022-12-19)[2023-03-15].https://www.mee.gov.cn/xxgk2018/xxgk/xxgk06/202212/t20221221_1008430.html.

一个参数引发的
巨大利益诱惑

首批纳入碳市场的企业的碳排放量近 45 亿吨二氧化碳，如果按照目前的碳价（50 元 / 吨）计算，相当于 2000 多亿元的资产。

从企业排放的角度来说，这次误差会出现在哪些环节呢？

排放数据稍有一点点误差，价值岂不就得上亿元？

千分之一的误差，货币价值就是 **2 亿元**。

关键环节的关键参数。

我的人生目标才 1 个亿。

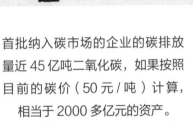

比如煤的低位发热量、单位热值含碳量等。

煤

热

参数随便选。

昨天

怎么算的!
我哪里排了这么多!

今天

这些参数在不同的用煤情况下会有很大差异,其数值的误差直接影响到最终的排放结果。

举个例子,

假如一家发电厂的二氧化碳年排放量为1000万吨,但由于其没有使用实测数据,而是使用了缺省值,那么将会导致排放量相差28%。

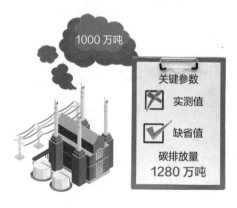

1000万吨

关键参数

☒ 实测值

☑ 缺省值

碳排放量
1280万吨

实测数据和缺省值能差多少?

根据相关规定,控排企业如果不能在规定时间内实测燃煤元素碳含量,就将以缺省值(高值)计算其碳排放量,而以高限值算出来的碳排放量一般要高出10%～30%。缺省值的热值碳含量为33.56吨碳/太焦,而无烟煤、烟煤、褐煤、洗精煤、煤矸石、焦炭的热值含量分别为27.49吨碳/太焦、26.18吨碳/太焦、27.97吨碳/太焦、25.41吨碳/太焦、25.80吨碳/太焦、29.42吨碳/太焦。

种类	缺省值	无烟煤	烟煤	褐煤	洗精煤	煤矸石	焦炭
热值碳含量/（吨碳/太焦）	33.56	27.49	26.18	27.97	25.41	25.80	29.42

缺省值的单位热值含碳量比实际高出28%，也就意味着由其计算出来的排放量比实际排放量高出28%。

这些参数大小都是用乘法传递的哦！

 $=1.28\times$

那差多少钱？

大概1.4亿元吧。

一个小操作就是1.4亿元啊！

2800000 吨
× 50 元 / 吨
= 1.4 亿元

那企业如果反向操作，岂不是大赚！

是的，利益诱惑下企业的确有了数据造假的念头，而且已经有案例了！

各种燃煤因品质和来源不同，
其含碳量也会有一定的差异。
即使是同一种燃煤，也会由于
批次和外部条件等原因，
含碳量有所不同。

为了精准核算二氧化碳排放量，企业需每月检测一次当月所有批次的煤品，年度的元素含碳量实测数据则是取 12 个月的加权平均值。

月测　　　　　　平均

实测值

由于企业之间差异大，企业自己或者委托第三方测试煤样是最易出错，也是最容易造假的环节。

请勿造假　自行检测　　第三方检测　避免出错

2021年7月14日，国务院政策例行吹风会明确了以下信号：
碳排放数据造假必须严查严惩。

企业还是
老老实实每月检测吧！

而且还要找到靠谱
的第三方！

延伸阅读

2022年3月指南规定，企业应逐渐提高自行检测燃煤的碳量的水平，企业自有检测实验室应于2023年1月1日前通过CMA认定或CNAS认可。

标准煤样检测应该怎么做？
采样、制样、化验均有国家
标准要求。

GB/T 474　GB/T 31391
GB/T 475
GB/T 19494.1　GB/T 476
GB/T 30733　GB/T 30733
DL/T 568　GB/T 213

都有哪些国家标准？		
环节	标准名称	标准编号
采样	《商品煤样人工采取方法》	GB/T 475—2008
	《煤炭机械化采样　第1部分：采样方法》	GB/T 19494.1—2004
制样	《煤样的制备方法》	GB/T 474—2008
化验	《煤中碳和氢的测定方法》	GB/T 476—2008
	《煤中碳氢氮的测定　仪器法》	GB/T 30733—2014
	《燃料元素的快速分析方法》	DL/T 568—2013
	《煤的元素分析》	GB/T 31391—2015
	《煤的发热量测定方法》	GB/T 213—2008

采个样都这么复杂？制样岂不是更复杂？

全自动采样、制样，智能化验考虑一下？

不错，不错，建议全行业推广。

采样指从分布于整批煤的多个点收集一定数量的煤作为子样，然后将各子样合并成一个总样。制样是将煤样反复进行筛分、破碎、掺混、缩分和空气干燥的过程，最终获取粒度小于0.2毫米、具有代表性的分析样品，而且需要专业储存。

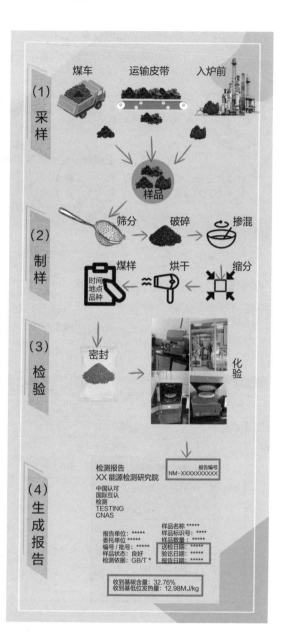

参考文献

[1] 生态环境部. 企业温室气体排放核算方法与报告指南（发电设施）[EB/OL]. (2021-03-29)[2022-12-02]. https://www.mee.gov.cn/xxgk2018/xxgk/xxgk05/202103/W020210330581117072208.pdf.

[2] 生态环境部. 企业温室气体排放核算方法与报告指南　发电设施（2021年修订版）[EB/OL]. (2021-12-02)[2022-12-02]. https://www.mee.gov.cn/xxgk2018/xxgk/xxgk06/202112/t20211202_962776.html.

[3] 中国国家标准化管理委员会. 商品煤样人工采取方法，GB/T475—2008 [S/OL]. (2008-12-04)[2022-12-02]. http://www.360doc.com/document/18/0825/11/10819955_781069415.shtml.

[4] 中国国家标准化管理委员会. 煤炭机械化采样第1部分：采样方法，GB/T 19494.1—2004 [S/OL]. (2004-04-30)[2022-12-02]. http://wenku.mkaq.org/doc-11654.html.

配额清缴该注意什么？

年底啦！到了一年一度清缴配额的时间了。

生态环境部已经发布通知，要求各地方在2021年12月15日之前完成本地区95%的重点企业履约，31日17时前完成全部企业履约。

啥是清缴配额？

重点排放企业按照碳核查机构核查并经过省级生态环境主管部门确认的年度实际排放量，通过注册登记系统上缴足额配额以进行履约。

重点排放企业

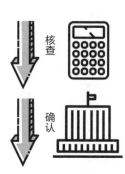

核查

确认

全国碳排放权注册登记结算系统
National carbon emission registration and clearing system

履约

○ 账户管理

○ 待办管理

○ 资金管理

○ 履约管理

○ 信息查询

○ 民生市场通

○ 持仓划转管理

○ 存管返还管理

○ 质押解质押管理

您好，火电测试企业

会员编号：21110300002　修改密码

上次登录：2021-11-03 22:09:20　IP:27.18.46.188

履约：待办 (0) | 待审核 (0)　　　　存管：待办 (0) | 待审核 (0)　　　　质押：待办

自报注销：待办 (0) | 待审核 (0)

持仓信息

登记配额持仓：1,000,000　　登记ccer持仓：50,000

交易配额持仓：0　　交易ccer持仓：0

资金信息

期初金：0

当日入金：0

当日

未完成履约通知书信息

履约通知书名称	年份	履约范围	应履约量	已履约量	待审核履约量	通知书发放时间	履约截止日期

具体咋操作？

一、确定排放量和配额量

2021年6月，各地区政府已经对重点排放企业完成了碳核查工作，确定了其排放量，即为应清缴碳配额量（履约量），并且在当年9月30日前，各地区的重点排放企业已经拿到了全部的配额量。

完成检查　　确定清缴额　　获取配额

2021年6月　　　　　　　2021年9月30日前

配额量减去排放量的结果若为负值，就要从市场购买缺少的配额；
若为正值，就可以卖出或者留着配额。

二、CCER 抵销

由于国家核证自愿减排量（Chinese certified emission reduction，
CCER）的价格较低，企业一般优先选用 CCER 进行履约。

重点排放单位抓紧开立国家
自愿减排注册登记系统一般持有
账户，并在经备案的温室气体自
愿减排交易机构开立交易系统账
户，尽快完成CCER购买并申请
CCER 注销。

CCER 抵销配额清缴的程序如下：

重点排放企业可以任意选择一家
自愿减排交易机构购买 CCER。

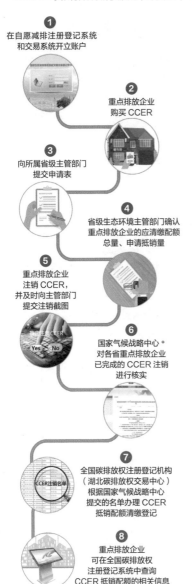

①
在自愿减排注册登记系统
和交易系统开立账户

②
重点排放企业
购买 CCER

③
向所属省级主管部门
提交申请表

④
省级生态环境主管部门确认
重点排放企业的应清缴配额
总量、申请抵销量

⑤
重点排放企业
注销 CCER，
并及时向主管部门
提交注销截图

⑥
国家气候战略中心 *
对各省重点排放企业
已完成的 CCER 注销
进行核实

⑦
全国碳排放权注册登记机构
（湖北碳排放权交易中心）
根据国家气候战略中心
提交的名单办理 CCER
抵销配额清缴登记

⑧
重点排放企业
可在全国碳排放权
注册登记系统中查询
CCER 抵销配额的相关信息

减排交易机构
北京绿色交易所
天津排放权交易所
四川联合环境交易所
海峡股权交易中心
深圳排放权交易所

自愿减排交易机构有哪些？

自愿减排交易机构包括北京绿
色交易所、天津排放权交易所、上
海环境能源交易所、广州碳排放权
交易中心、深圳排放权交易所、湖
北碳排放权交易中心、重庆联合产
权交易所、四川联合环境交易所、
海峡股权交易中心。

---

* 国家气候战略中心指国家应对气候变
化战略研究和国际合作中心。

申请和注销都是有时间限制的，过了时间就不能用 CCER 抵销了。

今年是赶不上了，
明年可得抓紧时间申请哦！

2021年要求是什么时候？

12月10日之前向省级主管部门报送申请表，确认之后须在15日之前点击注销。

2021 年较早时候 CCER 的价格在 20 元 / 吨左右，最低可到 10 元 / 吨。
12 月履约时，CCER 的价格飙升至 40 元 / 吨。

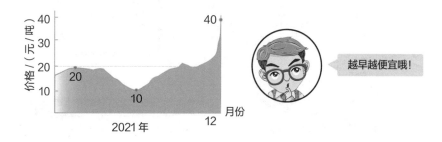

越早越便宜哦！

CCER 抵销比例不超过应清缴碳排放配额的 5%，而且不得来自纳入全国碳市场配额管理的减排项目。

为啥要限制CCER抵销比例？

碳市场形成机制的核心是配额的总量控制，通过配额总量的不断减少来推动碳市场的运行。如果设置的抵销比例过高，实际上变相地增加了总量供给，改变了碳市场的配额供需关系，从而会影响配额的市场价格。

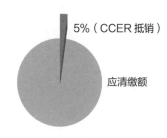

5%（CCER 抵销）

应清缴额

三、完成履约

CCER 最多只能抵销履约量的 5%。若不够，还需要从市场上
购买碳配额。

假设企业的排放量为 100 吨，发放的配额量为 80 吨，CCER 只能抵销
100×5%=5 吨，剩下的 100-80-5=15 吨需要从碳市场上购买。

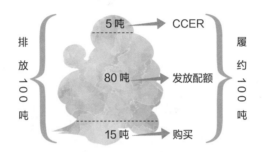

如果企业没有
履约怎么办呢？

《碳排放权交易管理办法（试行）》
第四十条规定，要处二万元以上
三万元以下的罚款。

名　称	碳排放权交易管理办法（试行）		
索引号	000014672/2021-00004	分　类	应对气候变化
发布机关	生态环境部	生成日期	2021-01-05
文　号	部令 第19号	主题词	

碳排放权交易管理办法（试行）

《碳排放权交易管理办法（试行）》已于2020年12月25日由生态环境部部务会议审议通过，现予公布，自2021年2月1日起施行。

部长 黄润秋
2020年12月31日

碳排放权交易管理办法
（试行）
第七章 罚 则

第四十条 重点排放单位未按时足额清缴碳排放配额的，由其生产经营场所所在地设区的市级以上地方生态环境主管部门责令限期改正，处二万元以上三万元以下的罚款；逾期未改正的，对欠缴部分，由重点排放单位生产经营场所所在地的省级生态环境主管部门等量核减其下一年度碳排放配额。

逾期未改正的，在下一年度会被核减等量配额，还得继续清缴上一年度欠缴的配额。

本年度发的 — 去年欠的 = 本年配额 { 履约本年排放 + 去年欠缴

罚款涨价了？

2021年4月发布的《碳排放权交易管理暂行条例（草案修改稿）》中又将处罚力度调整至10万～50万元。

参考文献

[1] 生态环境部，碳排放权交易管理办法（试行）[EB/OL].(2021-03-26)[2022-12-02]. https://www.mee.gov.cn/xxgk2018/xxgk/xxgk01/202105/W020210519636657102983.pdf.

[2] 生态环境部，碳排放权交易管理暂行条例（草案修改稿）[EB/OL].(2021-03-30)[2022-12-02]. https://www.mee.gov.cn/xxgk2018/xxgk/xxgk06/202103/t20210330_826642.html.

[3] 生态环境部. 关于做好全国碳排放权交易市场第一个履约周期碳排放配额清缴工作的通知[EB/OL]. (2021-10-26)[2022-12-02]. https://www.mee.gov.cn/xxgk2018/xxgk/xxgk06/202110/t20211026_957871.html.

[4] 上海环境交易所. 交易信息查询[EB/OL]. 2021. https://www.cneeex.com/cneeex/daytrade/detail?SiteID=122#.

CCER是啥?
居然能抵销碳配额?

听说2021年很多企业的配额履约都首选CCER。

因为便宜呀!

CCER 究竟是啥?
为啥还能抵销碳配额?

CCER 是国家核证自愿减排量,主要是风光、太阳能发电等可再生能源项目。其本身并没有什么排放,因而项目本质上没有减排量。

CCER的前世今生

CCER的前身是CDM项目的CER（核证减排量）。2012年之前,中国企业通过CDM产生的CER参与国际碳市场。随着欧洲经济低迷及《京都议定书》第一阶段结束,CDM项目发展受阻,CER价格不断下跌。2012年,中国开始建立国内的自愿减排交易市场,其减排量为CCER。

这类项目运行可以显著替代当前化石能源项目的温室气体排放量，所以这种替代的排放量通过国家机构认证就可以认为是这类项目的减排量，其认证结果就是CCER。

国家核证
自愿减排量

CCER非常灵活，可以在不同平台交易，包括碳市场、个人购买、大型活动购买等。

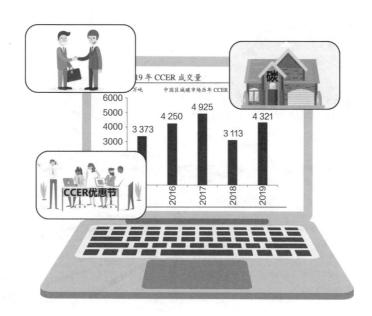

19年CCER成交量

中国区域碳市场历年CCER

万吨

6000
5000
4000
3000

3 373　4 250　4 925　3 113　4 321

CCER优惠节

碳

2016　2017　2018　2019

CCER 相当于游戏中的通用货币，可以大杀四方。

啥样的项目可以申请 CCER 呀?

CCER 非常有利于鼓励零碳、低碳技术的发展和融资。

我国境内的可再生能源、林业碳汇、甲烷利用等项目。

可再生能源
林业碳汇
O²
O₂
O²
O²
O²
O²
CO²
CO²
CO₂
CO₂
甲烷利用

国家发展改革委公示的 CCER 审定项目累计达到 2871 个，可再生能源项目比重约为 71%，其中风电、光伏发电、水电等项目较多。

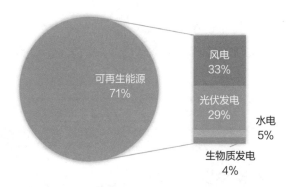

CCER 的减排量是咋算出来的？

CCER 项目的减排量采用基准线法计算。

基准线法具体是个啥？

假设在没有CCER项目的情况下，为了提供同样的服务，最可能建设的其他项目所带来的温室气体排放量减去CCER项目的温室气体排放量和泄漏量，由此得到该项目的减排量。

以风电项目为例：

$$EF_{OM} \times W_{OM} \times EF_{BM} \times W_{BM} \rightarrow$$

EF_{OM}：电量边际排放因子，国家公布
W_{OM}：电量边际排放因子权重（％），风电项目取 0.75
EF_{BM}：容量边际排放因子，国家公布
W_{BM}：容量边际排放因子权重（％），风电项目取 0.25

风电项目第 y 年产生的净上网电量 × 组合边际排放因子

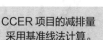

减排量 = 建设其他项目的排放量 − CCER 项目的排放量 − 泄漏量

风电项目：0　　　　风电项目：0

一个 CCER 项目的产生要经历 6 个步骤，出具 4 个文件。

CCER申请和交易程序

- 项目识别：项目业主编制项目设计文件并申请。
- 项目审核：第三方机构对实施项目进行审核，并出具审定报告，向国家或省级发展改革部门提交备案材料。
- 项目备案并登记：专家技术评估后（出具评估文件），国家备案并登记，同时由核证机构出具减排量核证报告。
- 减排量备案。
- 交易：抵销碳排放。
- 注销：在国家交易系统中注销相应的排放量。

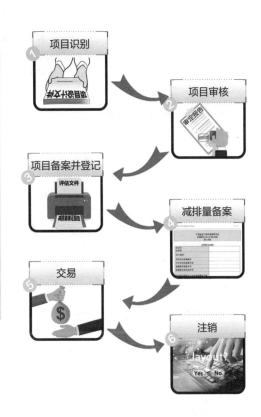

① 项目识别
② 项目审核
③ 项目备案并登记
④ 减排量备案
⑤ 交易
⑥ 注销

整套流程下来得多久？

最短 8 个月，长则 2 年以上！

我也想去申请！

2017年3月，国家发展改革委暂停了CCER项目。

发展改革委发布2017年第2号公告

2017-03-17 18:12　来源：发展改革委网站　　字号：默认 大 超大　｜　打印

中华人民共和国国家发展和改革委员会公告

2017年 第2号

2012年6月，我委印发施行了《温室气体自愿减排交易管理暂行办法》（以下简称《暂行办法》），对国内温室气体自愿减排项目等5个事项实施备案管理。《暂行办法》施行以来，对提高自愿减排交易的公正性，调动全社会自觉参与碳减排活动的积极性发挥了重要作用。同时，在《暂行办法》施行中也存在着温室气体自愿减排交易量小、个别项目不够规范等问题。

为进一步完善和规范温室气体自愿减排交易，促进绿色低碳发展，按照简政放权、放管结合、优化服务的要求，我委正在组织修订《暂行办法》，即日起，我委暂缓受理温室气体自愿减排交易方法学、项目、减排量、审定与核证机构、交易机构备案申请。待《暂行办法》修订完成并发布后，将依据新办法受理相关申请。

此次暂缓受理温室气体自愿减排交易备案申请，不影响已备案的温室气体自愿减排项目和减排量在国家登记簿登记，也不影响已备案的"核证自愿减排量（CCER）"参与交易。已向我委政务服务大厅提出备案申请，但尚未备案的事项，我委将登记在册，待《暂行办法》修订完成后，你据新办法优先办理。

附件：尚未备案的申请事项清单

国家发展改革委
2017年3月14日

这么好的项目咋就叫停了呢？

主要原因是自愿减排交易量小，加上个别项目不够规范。

CCER的供给和需求？

CCER的存量已达7000多万吨，潜在增量很大，远大于当时的需求。七个试点碳市场加福建碳市场一年使用的抵销量也就300万吨左右，碳中和和其他自愿注销一年不到30万吨。

此外，当时 CCER 缺少明确的政策引导，很多操作细节没有明确的规范。

像绿证、绿电和 CCER 有一定的重叠，这些问题都有待解决。

绿电

绿证   CCER

绿色电力证书

国家核证
自愿减排量

重叠？

就是说 CCER
交易和绿电交易可能
是同一个可再生能源项目。

啥是绿电交易？

绿电交易是企业为了满足自身绿色、低碳的需求，全部或部分不使用电网电量，而专门购买风电、光伏发电等新能源电量。

比如说，德国化工巨头巴斯夫于 2021 年 6 月在广东省完成了首笔绿电交易，以满足其湛江一体化项目 100% 的绿电供应。

那巴斯夫是不是也可以购买 CCER 来抵销用电带来的碳排放。

当然可以！像 SKP 就选择了用 CCER 来抵销。

如果巴斯夫购买的绿电同时也申请了 CCER，而这部分 CCER 正好被 SKP 购买了，那岂不是这个可再生能源发电"一女多嫁"了？

国家核证自愿减排量 CERTIFICATE 绿色电力证书

重叠问题该怎么办呢？

需要国家发展改革委、能源局、生态环境部三者共同出台管理办法，并建立信息协作共享机制，才能保证绿电、绿证、可再生能源CCER在各种应用场景下不被重复计算或使用。

没错！这就是重叠问题。

随着全国碳市场的启动，国内减排需求越来越旺盛，CCER离重启也不远啦！

相信之前的问题都会在重启之前解决。

CCER交易中心设在哪？

2021年11月，北京市发展改革委发布的《北京市"十四五"时期现代服务业发展规划》提出，将高水平建设北京绿色交易所，承建全国自愿减排（CCER）交易中心。

参考文献

[1] 生态环境部. 碳排放权交易管理办法（试行）[EB/OL]. (2021-03-26)[2022-12-31]. https://www.mee.gov.cn/xxgk2018/xxgk/xxgk01/202105/W020210519636657102983.pdf.

[2] 国家发展改革委. 温室气体自愿减排交易管理暂行办法[EB/OL]. (2012-06-13)[2022-12-31]. https://wenku.baidu.com/view/2d7a800e13661ed9ad51f01dc281e53a580251dd.html?fr=aladdin664466&ind=1&_wkts_=1678642633735&bdQuery=温室气体自愿减排交易管理暂行办法.

[3] 国家发展改革委. CM-001-V02可再生能源并网发电方法学（第二版）[EB/OL]. [2022-12-31]. http://www.huanjing100.com/p-9723.html.

[4] Zhi B，Liu X，Chen J，et al. Collaborative carbon emission reduction in supply chains: an evolutionary game-theoretic study[J]. Management Decision, 2019, 57(4):1087-1107.

全国碳市场与地方试点啥关系?

都有全国碳市场了,地方碳市场咋办呢?

并行制度,双轨制!

地方试点碳市场进展

　　2021年6月,地方试点碳市场已覆盖钢铁、电力、水泥等20多个行业,涉及近3000家重点排放单位,累计成交量为4.8亿吨二氧化碳当量,成交额约为114亿元。

　　纳入全国碳排放权交易市场的重点排放单位不再参与地方碳排放权交易试点市场。企业一旦纳入全国市场,就不会在地方碳市场拥有配额,也不能与地方碳市场的企业进行交易。

全国碳市场进展

　　2021年7月,中国正式启动全国碳市场。目前仅覆盖发电行业,未来将增加石化、化工、建材、钢铁、有色、造纸、航空,共八大行业。截至2021年12月27日,累计成交量达1.54亿吨,成交额为64.42亿元。

碳市场

全国碳市场是强制性市场，强制纳入，强制履约。企业不能自主选择进入国家还是地方碳市场。

未来不再建设地方碳排放权交易市场。

目前有哪些地方碳排放权交易市场

全国目前有9个地方交易市场：北京、天津、上海、重庆、湖北、广东、深圳、福建和四川。

由于地方试点碳市场在配额分配方法、交易制度、流程及碳价上的差别比较大，其与全国碳市场在衔接方面存在挑战。

为啥不直接把试点碳市场全部纳入全国碳市场？

地方试点碳市场相当于全国碳市场的"先遣队"，先行先试，能为全国碳市场积累丰富的经验。

地方碳市场包含的行业范围可以更大。

湖北目前纳入试点碳市场的行业多达 16 个，几乎涵盖了全国碳市场已经和计划纳入的 8 个行业。

全国和湖北碳市场都纳入了哪些行业？

湖北碳市场：电力、热力和热电联产、钢铁、水泥、石化、化工、汽车、通用设备制造、有色金属和其他金属制品、玻璃及其他建材、化纤、造纸、医药、食品饮料、陶瓷和水的生产与供应。
全国碳市场：电力、石化、化工、建材、钢铁、有色金属、造纸、民航。

地方碳市场可以灵活履约。

福建碳市场规定，重点排放单位当年的碳排放量与年度配额相差
±20 万吨及以上的，按 20 万吨的差额核定年度配额。

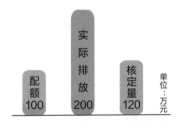

全国碳市场是如何规定的？

全国碳市场只规定了上限，清缴的上限是免费配额量+核查排放量×20%。

地方碳市场可以更好地结合地方特色。

每个地区都有不同的经济发展阶段和不同的业态结构，地方碳市场可以立足本地实际情况，灵活运用市场手段促进低碳发展。

北京碳市场的主体覆盖电力、热力、水泥、石化、城市公共交通运输、航空航天运输、其他服务业和其他工业八个行业。其中，热力、服务业、交通运输并不在全国碳市场范围内。

必胜客、稻香村、故宫博物院、颐和园、北京动物园等都在北京碳市场中。

没想到吃个比萨、买个点心、逛个故宫、划个游船、看个熊猫，竟然不自知地参与了碳市场！

为啥北京会纳入这些单位？

北京目前的产业结构以服务业为主，餐饮、高校、医院等机构都是北京致力通过碳市场手段促进减排的重点单位。

地方碳市场可以更好地探索新方法。

从国际上看，未来碳市场的有偿分配一定是大趋势。

湖北一直在探索有偿分配，政府预留调整配额中的 30% 用于拍卖。

启动交易之初的拍卖主要面向控排企业和机构投资者。

湖北碳市场的拍卖量

2020年，湖北碳市场累计配额成交为3.56亿吨，成交额为83.51亿元。其中，拍卖总成交量为138万吨，总成交额为4356万元。

碳市场除了现货市场，也就是现有的配额交易市场，

未来还会有期货市场。

广东碳市场正在建设碳期货市场，并在打造粤港澳大湾区碳市场。

碳期货可以用具有前瞻性的碳排放价格来引导

全社会合理地配置减排资源。

啥是碳期货？

碳期货是指在固定的交易场所，由交易双方约定好在未来某一确定时间和确定地点购买或者卖出碳排放权的标准化合约。

试点碳市场也在探索个人如何参与碳市场的方法。目前个人无法参与全国碳市场，但广州、四川、重庆、湖北和福建等试点碳市场均支持个人开户。

试点碳市场

个人如何开户交易？

如果个人想要开户，首先需要按要求提交申请，通过审核后再进行开户领取席位号、绑定银行卡、网银签约等操作，按系统提示完成操作后，可通过网上交易客户端和手机App进行交易。

有偿分配、碳期货、个人参与碳市场等这些新方法的探索都离不开试点碳市场。试点碳市场以后很有可能会成为全国碳市场在地方上的分支机构。

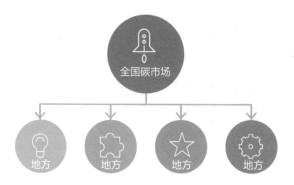

全国碳市场首次只纳入了电力行业，未来如何扩大全国碳市场的行业覆盖和参与主体范围，将全国碳市场覆盖行业拓展到水泥、钢铁、有色金属等其他重点行业，可以借鉴地方碳市场的经验。

北京、重庆、湖北、广东等地的政府已经明确了下一阶段试点碳市场的工作方向和工作重点，均在前期基础上进行了一定程度的深化。

地方碳市场与全国碳市场

地方碳市场的一些重要功能已经成长为全国碳市场的重要支撑。上海已经被确定为全国碳排放交易中心，湖北是全国碳排放注册、结算中心，北京承建全国温室气体自愿减排管理和交易中心。

全国碳市场建设要解决或预
防地方试点暴露出来的问
题，学习长处、规避不足！

参考文献

[1] 生态环境部. 碳排放权交易管理办法（试行）[EB/OL]. (2021-03-26)[2022-12-31]. https://www.mee.gov.cn/xxgk2018/xxgk/xxgk01/202105/W020210519636657102983.pdf.

[2] 福建省生态环境厅. 福建省2020年度碳排放配额分配实施方案[EB/OL]. (2021-10-15)[2022-12-31]. http://sthjt.fujian.gov.cn/zwgk/zfxxgkzl/zfxxgkml/mlwrfz/202110/t20211018_5743345.htm.

[3] 湖北省生态环境厅. 湖北省2020年度碳排放权配额分配方案[EB/OL]. (2021-09-07)[2022-12-31]. https://sthjt.hubei.gov.cn/fbjd/zc/zcwj/sthjt/ehf/202109/t20210918_3769548.shtml.

[4] 北京市生态环境局. 做好2020年重点碳排放单位管理和碳排放权交易试点工作[EB/OL]. (2020-04-13)[2022-12-31]. http://sthjj.beijing.gov.cn/bjhrb/index/xxgk69/zfxxgk43/fdzdgknr2/zcfb/hbjfw/2020/1758471/index.html.

[5] 上海市生态环境局. 上海市2020年碳排放配额分配方案[EB/OL]. (2021-01-29)[2022-12-31]. https://sthj.sh.gov.cn/hbzhywpt2025/20210202/510b31e87df149348d73c7a40faab484.html.

[6] Hua Y, Dong F. China's Carbon Market Development and Carbon Market Connection: A Literature Review[J]. Energies, 2019, 12(9):1663.

[7] Qi S, Cheng S, Cui J. Environmental and Economic Effects of China's Carbon Market Pilots: Empirical Evidence based on a DID Model[J]. Journal of Cleaner Production, 2020, 279(6):123720.

[8] Bz A, Jt B, Ping W C. Examining the risk of China's pilot carbon markets: A novel integrated approach[J]. Journal of cleaner production, 2021, 15:328.

企业该怎么使用金融产品决胜碳市场？

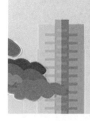

全国碳市场是个万亿市场，当前累计成交额为 76.61 亿元。

实现 2060 年碳中和目标，气候资金总需求在百万亿规模，平均每年需要投入近 3 万亿元。

未来碳市场的各种累计交易额将十分巨大。

这不仅需要政府支持，还得依靠市场运作。

2021年12月24日，九部委联合印发《关于开展气候投融资试点工作的通知》与《气候投融资试点工作方案》，正式开启了我国气候投融资试点工作。

中华人民共和国中央人民政府
www.gov.cn
首页 | 繁体 | 英文EN | 登录 | 邮箱

首页 > 政策 > 国务院政策文件库 > 国务院部门文件

字号：默认 大 超大　打印　收藏☆　留言✍️

标 题：关于开展气候投融资试点工作的通知	发文机关：生态环境部办公厅 发展改革委办公厅 工业和信息化部办公厅 住房城乡建设部办公厅 人民银行办公厅 国资委办公厅 国管局办公室 银保监会办公厅 证监会办公厅
发文字号：环办气候〔2021〕27号	来 源：生态环境部网站
主题分类：城乡建设、环境保护\其他	公文种类：通知
成文日期：2021年12月21日	

关于开展气候投融资试点工作的通知

环办气候〔2021〕27号

各省、自治区、直辖市及新疆生产建设兵团生态环境厅（局）、发展改革委、工业和信息化主管部门、住房城乡建设厅（委、管委、局）；中国人民银行上海总部，各分行、营业管理部，各省会（首府）城市中心支行，各副省级城市中心支行；各省、自治区、直辖市及新疆生产建设兵团国资委、机关事务管理部门；各银保监局、证监局，

感兴趣的城市，抓紧报名！

看看重庆试点咋搞？

　　重庆自2020年开始进行气候投融资试点，截至2021年6月底，全市绿色贷款余额超过3300亿元，同比增长34.0%。2021年9月29日，重庆银行与重庆市生态环境局签署协议，计划在未来5年内为助力重庆碳达峰、碳中和及气候投融资项目提供500亿元的金融支持。

目前的现货市场难以解决政策产品在交易中的问题，即价格发现与风险规避问题。期货市场则可以有效与现货市场进行联动，实现碳市场升级。

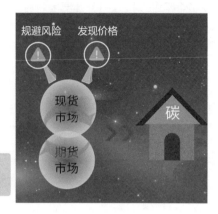

企业怎么使用金融产品决胜碳市场？

预约成功

期货市场和现货市场的区别有点像是预约申请购买和现场直接购买。现货市场是即时交割结算的市场，期货市场是合约交易市场。

碳期货咋交易？

期货交易指由交易所统一制定，在将来某一特定时间、地点交割一定数量标的物的标准化合约。期货的标准化极大地减少了参与多方的信用风险。

期货市场是碳交易成交量及成交额的主要战场，全球碳市场中至少有 80% 以上的交易额是由期货市场贡献的。

远期交易可以帮助控排企业提前锁定未来的碳成本或碳收益，整体上可控，可操作性较强。

啥是远期交易？

远期交易是指买卖双方签订远期合同，规定在未来某一时期进行交易的一种交易方式。2021年7月，华夏银行与国家能源集团龙源（北京）碳资产管理技术有限公司合作，落地了全国碳市场启动以来首笔实现交割的远期交易。

还可以使用掉期交易，即当事人之间约定在未来某一期间内相互交换他们认为具有等价的某种资产，简单来说就是互换资产。

比如控排企业在当期卖出 1 吨碳配额，换取远期交付的一定量的 CCER 和现金，或者项目业主在当期出售 1 吨 CCER，换取远期交付的一定量的碳配额。

啥是掉期交易？

掉期交易是指交易双方约定在未来某一时期相互交换某种资产的交易形式。中国碳金融体系中的掉期交易通常是基于两笔不同的碳配额品种或者是CCER的交易而实现的，它的成本较低，有助于规避碳配额与CCER间的价格波动风险。

还有融资类工具，如碳债券、碳资产抵押、碳基金等。

了解国内首单碳债券？

碳债券目前一般指政府、企业为筹措低碳项目建设或维护资金，向投资者发行的与碳资产及其收益相关联的绿色债券。我国首单碳债券为2014年浦发银行主承销的10亿元中广核风电有限公司附加碳收益中期票据。

企业还可以使用碳资产抵押和质押。

若甲将自己的配额抵押给乙，则不需要转移碳资产到乙的账户上；

若甲将自己的配额质押给乙，则需要将碳资产转移到乙的账户上。

抵押有点像抵押房子，但你还可以继续居住，有使用权。质押就像是典当物品，质押期间没有使用权，只能定期赎回了。

碳资产质押和抵押？

碳资产质押和抵押指企业以自有的碳排放配额或CCER为质押担保，将质押标的过户转移给银行，向银行获取质押贷款的融资方式。到期后企业还本付息，那么这个质押标的就还给质押方；如果不能还本付息，那么这个质押标的就可以由银行处置。

所以这就存在一个问题。抵押的标的（配额或 CCER）在抵押人企业账户上，不在银行账户上，如果真出了问题，后期银行处理起来会很麻烦。

目前有哪些碳资产质押和碳资产抵押？

我国首笔碳配额质押贷款为湖北宜化集团2014年与兴业银行武汉分行达成的4000万元质押贷款。我国首单CCER质押贷款为上海银行提供给上海宝碳新能源环保科技有限公司的由数十万吨CCER质押的500万元贷款业务。2014年12月24日，广州大学城开展了国内首单碳排放配额抵押融资业务，广州大学城华电新能源公司以配额获得浦发银行500万元的碳配额抵押绿色融资。

碳基金就如现在的证券基金一样，本质上是一种集合投资。比如以100元价格买入基金，那其中的50元可能被拿去买了股票，剩下的20元被拿去买了债券，还有30元现金留着躺在账面上。

基金经理负责操作这笔资金在碳市场寻找商机，投资者就坐等收益
（当然也可能亏损）。

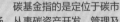
目前有哪些碳基金？

　　碳基金指的是定位于碳市场，从事碳资产开发、管理及交易的投资基金，或者通过在碳市场投资交易来帮你赚钱的基金。我国首只政府部门备案的碳基金是在湖北碳排放权交易中心诞生的，由诺安基金子公司诺安资产管理有限公司对外发行，华能碳资产经营有限公司作为基金投资顾问，规模为3000万元。

碳保险指通过与保险公司合作，对重点排放企业新投入的减排设备提供减排保险，或者对 CCER 项目买卖双方的 CCER 产生量提供保险。

现在还有碳保险
来保护企业碳资产利益。

目前有哪些碳保险？

　　全国首个碳保险产品设计方案由湖北碳交易中心、平安保险湖北分公司和华新水泥股份有限公司完成，保险公司将为华新水泥投入新设备后的减排量进行保底，一旦超过排放配额将给予赔偿。

碳 ———————————

你还能想到哪些与碳市场相关的有创意的
金融产品或者衍生品？

参考文献

[1] 生态环境部. 碳排放权交易管理办法（试行）[EB/OL]. (2021-03-26)[2022-12-31]. https://www.mee.cn/xxgk2018/xxgk/xxgk01/202105/W020210519636657102983.pdf.

[2] 生态环境部, 等.关于开展气候投融资试点工作的通知[EB/OL]. (2021-12-21) [2022-12-31]. https://www.mee.gov.cn/xxgk2018/xxgk/xxgk05/202112/t20211224_965174.html.

[3] Gavin Bridge. Pluralizing and problematizing carbon finance[J]. Progress in Human Geography, 2020(4):44, 724-742.

[4] Zhao H, Yang Y, Li N, el al. How Does Digital Finance Affect Carbon Emissions? Evidence from an Emerging Market[J]. Sustainability, 2021(21):13.

[5] Macinante, Justin. Climate Impact Measurement In Climate Finance and Carbon Markets [J]. Carbon & Climate Law Review : CCLR, 2020(3):14,199-209.

个人如何参与碳市场?

碳市场都是企业的事,
个人咋参与?

首先,个人可以直接参与一些地方碳市场。

2011 年,深圳碳市场就有人以 30 万元买进了 7000 吨碳排放配额,

2 个月后卖出,获利 10 万元。

买入 7000 吨　　　　　　　　卖出 7000 吨

花费 30 万元　　　　　　　　收入 40 万元

碳市有风险,
入市需谨慎。

目前 CCER 是支持个人开户的。

其次，个人可以购买 CCER，以抵销自己的碳排放。

如果想提前 40 年就实现碳中和，你可以去 CCER 交易平台购买。

当然，需要每年都购买才可以持续碳中和！

2022 年的跨年夜，罗振宇就购买了 CCER，实现了本次跨年演讲的碳中和。

第七届"时间的朋友"跨年演讲

实现了碳中和

只能买？
能卖不？
能拿自己的减碳量去交易不？

炎热的夏天……

那我得减到猴年马月
才能赚 50 元呀？

虽然目前个人的减排量不能
拿到碳市场去交易，但是个
人减碳行为会有其他用处。

再次，可以购买个人碳金融产品，或者参
与一些平台的碳账户活动，
如在蚂蚁森林里可以获得绿色能量去种树。

看看蚂蚁森林咋搞个人碳减排？

作为目前全球规模第一的个人碳市场产品——蚂蚁森林，其用户都有一个"碳账
户"，这个账户与资金账户、信用账户一起构成支付宝三大账户。用户每天的低碳行
为都可以折算成碳减排数字并累积到个人碳账户中。2016年至今，参与人数已突破
5.5亿，这5.5亿用户未来有可能成为个人碳交易的潜在用户。

在广州碳普惠平台，可以赚碳币兑换礼品；
在低碳星球，可以获得积分奖励；
在青碳行 App（青岛地区），
乘地铁、坐公交、行走、答题都能
累积减排量和精力值。

低碳星球咋算碳减排？

低碳星球可将用户通过腾讯乘车码参与的公共出行行为核算成二氧化碳减排量，并积累相应的碳积分。该程序与腾讯乘车码的兑换商店进行连通，实现了相应积分的礼品兑换。

如果你是车主，还有专门的机动车自愿减排交易平台。
少开一天车，也可以兑换相应的碳积分。

咋挣碳积分？

机动车车主自愿停驶一天，可获得1个碳积分；空气重污染黄色预警、橙色预警、红色预警期间停驶一天，可分别获得3个、4个、5个碳积分。这些积分可以在碳积分商城里兑换小礼品。

都是单方面买卖呀！
个人与个人之间的碳排放交易
会不会出现？

当然可能了！

那可得提前把握好自己的碳资产，
以后都是商机！

碳江湖时代
多看"一分钟扯碳"，
少挨不法者飞刀

犯罪嫌疑人利用碳中和环保理念虚构了碳森林投资项目，通过虚假宣传，鼓动受害者在该平台投资TCH虚拟币。有受害者轻信了该项目是国家推广的碳中和项目，认为项目回报高，可以从中获取高额利润。

不过也要擦亮眼睛，
现在已经有不法分子打着碳中和
的旗号进行电信诈骗。

公安局破获一起利用国家推行碳达峰碳中和等环保理念虚构"碳森林 TCH虚拟币投资"电信诈骗案 8人落网

2021-12-22 14:03　来源：娄底新闻网　作者：姚璐

2021年12月15日上午，涟源市公安局刑侦大队接到群众举报称有人在石马山办事处实施诈骗。刑侦大队闻信而动，迅速组织实施抓捕，一举抓获了正在"开会"的吴某波等8人，现场扣押作案手机16台、虚假宣传资料若干。

这就是提前挖掘个人碳减排空间，提前积累财富。

最后，也是最重要的，要提前规划和设计自己的低碳行为，养成低碳习惯。

碳账户

这次要赢在碳市场的"起跑线"上！

最重要的低碳习惯是从现在开始核算和计量自己的碳排放。

有计量，能减排。

如今碳市场中的企业，其碳排放核算和计量都足足准备了5年以上。

碳市场的
中国智慧

这个难度高，
不会咋办？

已经有了权威且便捷
的工具和网站——中
国产品全生命周期温
室气体排放系数库。

用了一下，
非常科学和方便，
这个工具厉害了！

中国产品全生命周期温室气体排放系数库
（China Products Carbon Footprint Factors Database）

能源
Energy products

工业
Industrial products

生活
Household products

交通
Transportation

废弃物
Waste treatment

碳汇
Carbon sink

重要说明 Readme	方法学 Methodology	专家委员会 Experts Committee	作者 Lead Author	问题和回答 Q&A

点击进去，看看网站咋用？

　　该网站非常方便（http://lca.cityghg.com/），手机和PC都可以使用，想算哪
个产品的碳排放，检索名称就行，有问题还可以提问和反馈。如果自己掌握了某种产
品的全生命周期碳排放数据还可以上传。我为人人，人人为我。

你参与过个人碳交易吗？

如果有，说说你的体验；

如果没有，想想下一步你想参与哪些碳交易呢？

参考文献

[1] 生态环境部. 碳排放权交易管理办法（试行）[EB/OL]. (2021-03-26)[2022-12-31]. https://www.mee.gov.cn/xxgk2018/xxgk/xxgk01/202105/W020210519636657102983.pdf.

[2] 生态环境部. 碳排放权交易管理暂行条例（草案修改稿）[EB/OL]. (2021-03-30)[2022-12-02]. https://www.mee.gov.cn/xxgk2018/xxgk/xxgk06/202103/t20210330_826642.html.

[3] Eyre N . Policing carbon: design and enforcement options for personal carbon trading[J]. Climate Policy, 2010, 10(4):432-446.

[4] Jin F , Yao L , Wu Y , et al. Allowance trading and energy consumption under a personal carbon trading scheme: a dynamic programming approach[J]. Journal of Cleaner Production, 2015, 112: 3875-3883.

[5] Kothe, et al. Simulating Personal Carbon Trading (PCT) with an Agent-Based Model (ABM): Investigating Adaptive Reduction Rates and Path Dependence[J]. Energies, 2021, 14(22):1-15 .

[6] 生态环境部环境规划院, 北京师范大学, 中山大学, 等.中国产品全生命周期温室气体排放系数集（2022）[R/OL]. (2022-01-01)[2022-12-31]. http://lca.cityghg.com/.

零碳科技，
绿色冬奥

全球变暖，以后去哪儿看冬奥？

排排坐，看冬奥。

快打开电视，
没准儿之后就
没有冬奥会可以看了。

什么？为什么！

因为气候变化！

由于全球变暖，已经快要没有足够冷的地方可以举办冬奥会了。
即使在低排放情景下，到 2050 年 21 个举办过冬奥会的城市中只有
13 个在气候上适合举办冬奥会，到 2080 年就只有 12 个了。

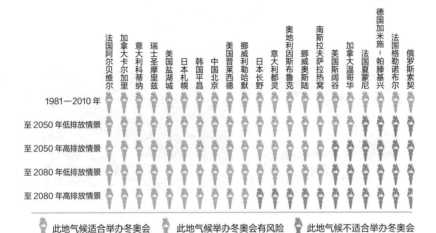

此地气候适合举办冬奥会　　此地气候举办冬奥会有风险　　此地气候不适合举办冬奥会

主办城市未来举办冬奥会的气候适宜性

如果完全不减少碳排放，到21世纪末，曾主办过冬奥会的前21个城市中，
仅剩1个城市适合举办冬奥会。

申办冬奥会的条件是啥？

● 地理位置要求：北纬30°到北纬60°之间，且高山滑雪的滑降、超级大回转等项目需要有落差在800~1000米且适于修建雪道的山体。
● 温度要求：2月份平均气温低于0℃。
● 雪量要求：2月份降雪量大于30厘米。
● 经济要求：由于基础设施建设和安全保障成本耗资巨大，冬奥会的成本不断升高，举办地的经济条件也是冬奥会考量的关键因素。

对于滑雪运动来说，全球变暖导致冰川消融和积雪消失，未来很可能没有场地滑雪了。

查卡塔雅滑雪场曾经是世界上海拔最高的滑雪场。随着冰川的消融，这一切都永远地成为历史。

查卡塔雅的前世今生

查卡塔雅位于玻利维亚的查卡塔雅山，是南美洲安第斯山脉的一部分，曾以世界上海拔最高、最接近赤道的南美洲第一个滑雪场而闻名。由于全球变暖，2009年查卡塔雅古冰川消失了，从此查卡塔雅滑雪场基本停止运营。

为打好"冰雪保卫战"，许多冬奥会举办国都采用高科技造雪补救。

2010年，温哥华冬奥会就曾因雪不够，组委会不惜动用300辆卡车和数架直升机运雪。

2014 年的索契冬奥会也因当地气温上升导致积雪融化，需要人造雪的补充来保证赛事的顺利举行，而且索契冬奥会也被认为是有史以来最热的一届冬奥会。

各大媒体争相报道最热冬奥会	
索契冬奥会：夏季般的气温，给冬运会带来极具挑战的条件	《华盛顿邮报》（2014 年 2 月 10 日）
冬季奥运会：温暖的天气威胁"索契的雪"	BBC 欧洲新闻（2014 年 2 月 11 日）
2014 年索契冬奥会：不断上升的气温使组织者的计划变成了泥泞	英国《卫报》（2014 年 2 月 11 日）
2014 年索契冬奥会：温暖的天气让索契变得"泥泞"	《华尔街日报》（2014 年 2 月 13 日）
2014 年索契冬奥会：天气状况导致坠机和其他问题	《电讯报》（2014 年 2 月 13 日）
2014 年冬季奥运会：由于雪融化变成"垃圾"赛道	《独立报》（2014 年 2 月 11 日）
泥泞的索契：温暖的天气显示亚热带造雪的挑战	《国家地理》（2014 年 2 月 14 日）

一份以美国康涅狄格州和马萨诸塞州 17 个平均海拔约为 750 米的滑雪场为调查对象的报告显示，如果气候变暖的趋势持续下去，即便有人造雪，被调查的雪场中也将没有一个能坚持到 2039 年。

全球变暖不仅对冬奥会有影响，对夏季奥运会同样也有影响。因为高温，之后可能也没有适合安全举办夏季奥运会的城市了。

《柳叶刀》发表的文章表明，到 2085 年，西欧以外的 543 个城市中只有 8 个城市可以安全举办夏季奥运会，它们是旧金山、卡尔加里、温哥华、圣彼得堡、里加、克拉斯诺亚尔斯克、比什凯克和乌兰巴托。

高温对室外运动影响最大，如马拉松。2021年东京奥运会举办期间，考虑到当时正值酷暑，马拉松和竞走比赛转移到札幌（当地较凉快）举行，且女子马拉松比赛的开始时间改为早上6点。

2014年的澳大利亚网球公开赛也因天气太热而"暂停"，当地气温连续4天高达40℃，有9名选手在第一轮就退出了比赛，甚至有些球员的运动鞋和水瓶都融化了。

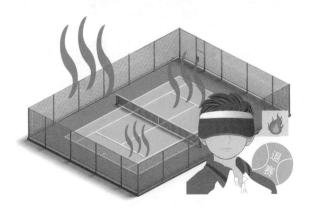

高温对运动员的身体伤害也很大。

2015 年洛杉矶马拉松比赛过程中，近 200 名参赛者需要就医，其中有 36 人被送往医院，另有 150 人在场边接受治疗。

2019 年铁人欧洲锦标赛中，美国女子铁人三项运动员在跑步赛段终点线前晕倒。

劳累性中暑是美国运动员在赛场上
猝死的主要原因之一，
1980—2009 年有 58 名美国足球
运动员死于劳累性中暑。

劳累性中暑有啥危害？

劳累性中暑是指直肠温度高于 40℃并伴有器官系统衰竭的症状或体征，是最常见的中枢神经系统功能障碍，如果不及时治疗，可能会导致永久性残疾或死亡。

如果世界上最优秀的运动员都需要免受气候变化的影响，
那么我们其他人呢？

零碳科技，
绿色冬奥

气候变化对你的运动计划有什么影响吗？

比如：

体育比赛取消，体力消耗太大，没有合适的滑雪场地。

参考文献

[1] Smith K R, Woodward A, Lemke B, et al. The last Summer Olympics? Climate change, health, and work outdoors[J]. The Lancet, 2016, 388(10045):642–644.

[2] Adrienne Wald, Shanda Demorest. Race to Beat the Heat: Climate Change Impacts Physical Activity[J]. The Journal for Nurse Practitioners, 2022, 18(4):388–395.

[3] M Rodenburg. The Tokyo Olympics are putting climate change on display [EB/OL]. (2021-08-04)[2022-01-26]. https://www.womensrunning.com/events/olympics/the-tokyo-olympics-are-putting-climate-change-on-display/.

[4] Climate Council. Australian Sports and Climate Report [EB/OL]. [2022-01-26]. https://www.climatecouncil.org.au/resources/game-set-match-sportsclimate-change/.

[5] Owen Lloyd. Only one of 21 previous Winter Olympic hosts able to stage event again unless climate change problem tackled [EB/OL]. [2022-01-26]. https://www.insidethegames.biz/articles/1117998/climate-changewinter-olympic-games-risk.

[6] Scott D, Steiger R, Rutty M, et al. The changing geography of the Winter Olympic and Paralympic Games in a warmer world[J]. Current Issues in Tourism, 2018, 22(11): 1301–1311.

[7] Sochi 2014: Warm Weather Turns Olympics' Slushy' [EB/OL]. [2022-01-26]. https://www.youtube.com/watch?v=trMue3-7_r0.

张北的风，北京的电

冬奥会开幕式上有这么多灯，得用多少电？耗多少煤？排多少碳呀？

不用担心碳排放，这次冬奥会已经完全实现了 100% 绿电。

也就是说，用再多的电也都是零排放？

没错！但是也要节约用电哦！

北京冬奥会三个赛区的场馆预计用电量达 4 亿千瓦时。

张家口

北京

延庆

这么多绿电从哪儿"供"呀？

河北省张北县。

之前都说"坝上一场风，从春刮到冬"，可见张北地区的自然环境非常恶劣。但是，现在有了张北柔性直流电网试验示范工程，"风"就成了人类的好伙伴。

张北柔性直流电网试验示范工程于 2018 年 2 月开工建设，2020 年 6 月投入运行。2019 年至 2021 年 6 月 30 日，21 个北京冬奥会场馆（含北京冬奥组委首钢办公区）提前实现了常规能源需求 100% 由可再生能源电力满足。

张北的风电通过电网传输到张北换流站，然后通过张北柔性直流电网运输至北京换流站，再流向北京、延庆等地。

利用张北柔性直流电网提供的绿电，这次冬奥会实现了用电零排放，预计可以减少燃烧标准煤 12.8 万吨，减排二氧化碳 32 万吨。

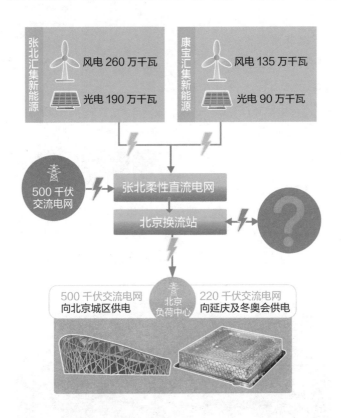

但这"风"有个不好的习惯，情绪波动比较大，时有时无、忽大忽小。

这咋办？
万一在比赛过程中突然停电，
这就很尴尬了。

这时就要靠柔性直流电网
来解决了。

为啥要建柔性直流电网？

因为新能源发电本身具有随机性、波动性的特征，日出日落、风大风小都会影响新能源发电。如果用交流电网接入，因其电源功率频繁变化会造成整个电网系统的扰动，对电网安全稳定运行的影响也越来越突出。但如果选择常规直流输送，一方面需要送端交流电网的强力支撑，另一方面送电功率不易跟随新能源出力频繁波动，也存在一定技术局限性。

张北柔性直流电网可是全世界第一个柔性直流电网，能灵活控制风电、光电、抽水蓄能。

柔性直流技术能通过对风、光等新能源发电的全方位控制，使风、光发电间歇性的特点不扰乱电网，就像在电力系统中接入了一个完全可控的"水泵"，能够精准地控制"水流"的方向、速度和流量。

如果把电网比作一张"公路网"，常规直流就像是公交车，只能定点停车，每次运输的人员数量还有限制；柔性直流就是一辆不用牵引、不挑道路，可随时"卸货"、切换方向的"超级货车"，更能把忽大忽小的风电和光电稳妥地送到你我家中。

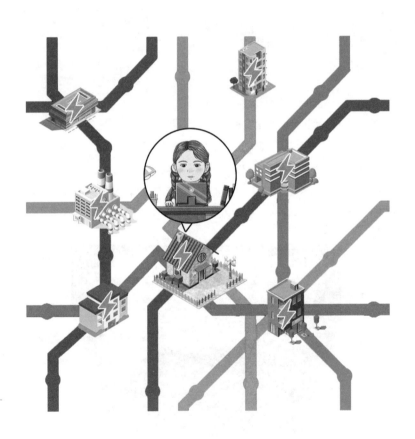

张北柔性直流电网的稳定离不开世界上最大的抽水蓄能电站——丰宁抽水蓄能电站。抽水蓄能电站又被认为是一个超级充电宝，当风光资源充足时，在向电网输送的同时也向充电宝里充电；当风光资源匮乏时，这个超级充电宝就代替风能和光伏，向电网输送电力。

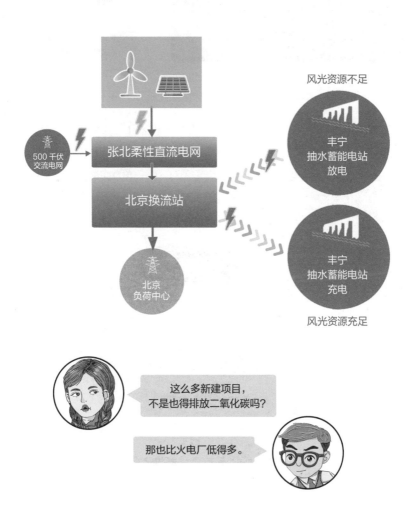

从项目的全生命周期来看
每发一度电

风力发电厂　　　　燃煤发电厂
平均大约排放 CO_2　平均大约排放 CO_2

27 克　　930 克

都不到火力发电的
零头呢！

注：1度即1千瓦时。

除了看得见的绿色电网，另一张看不见的绿电交易网也在持续发挥作用。
2018 年，北京冬奥组委联合主办城市政府、电力公司、交易中心等多
家单位成立了绿电交易平台建设工作组。依托电力交易平台，通过
市场化直购绿电的方式为奥运场馆及其配套设施提供清洁能源。

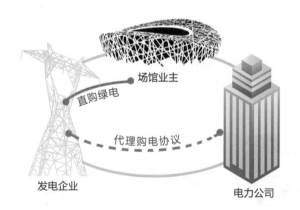

场馆业主

直购绿电

代理购电协议

发电企业

电力公司

冬奥场馆用户通过微信加载首都电力交易差异化服务平台，就能够实时
查看绿电交易信息、用电比例及交易电价对用电成本的影响预测、
交易意向电量规模申报等内容。

张北可再生能源柔性直流电网预计每年可向北京地区输送约 141 亿千瓦时的清洁能源，大约相当于北京市用电量的 1/10。预计每年可减少燃烧标准煤 430 万吨，减排二氧化碳 1144 万吨。

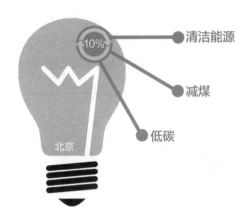

2021 年，中国风力发电仅为 6556 亿千瓦时，不足全社会发电量的 8%。

风电项目这么好，咋不多发点？

受地理位置限制，有些地方可能没有风。

不过国家正在逐渐扩大新能源发电。

全国 2021 年风光总装机不到 7.2 亿千瓦，2030 年计划风光总装机将达到 12 亿千瓦以上。

你知道还有哪些奥运会或冬奥会使用绿电？

比如：

平昌冬奥会用电由江原道的风力发电厂供应，

其发电量超过了平昌冬奥会和冬残奥会期间所有使用的能源。

参考文献

[1] 北京2022年冬奥会和冬残奥会组织委员会. 北京冬奥会低碳管理报告[R/OL]. [2022-02-01].https://www.sgpjbg.com/baogao/60584.html.

[2] 北京2022年冬奥会和冬残奥会组织委员会. 北京冬奥会可持续发展报告（赛前）[R/OL]. [2022-02-01]. http://www.gov.cn/xinwen/2022-01/13/content_5668050.htm.

[3] 刘浩冬, 张建玺, 张岩. 张北柔性直流工程支撑北京冬奥会实现奥运史上首次100%绿电供应[J]. 节能与环保, 2021(10):4.

[4] 张婷. 绿电奥运100%[J]. 国家电网,2021(1):28-31.

[5] 周哲, 王海英, 王沁, 等. 电力交易助力绿色奥运的实践与探索[J]. 中国电业, 2021, 7:84-85.

[6] 生态环境部环境规划院，北京师范大学，中山大学，等. 中国产品全生命周期温室气体排放系数集（2022）[R/OL]. 北京: 2022. http://lca.cityghg.com/.

冬奥会，
氢能的大型路演

开幕式真的太精彩了！

大火变"微火"！

最后一棒火炬
就是主火炬的想法
真是太棒了！

首届碳中和奥运会，
名副其实！

0 t CO₂

低碳能源

低碳场所

低碳交通

......

但一个火炬
能排多少碳呢？

那可比你想象中多得多。

回忆 2008 年奥运会，李宁点燃的主火炬一小时大概消耗了 5000 立方米燃气，相当于 10 个三口之家一年的燃气量。

1 小时 　　　5000
　　　　　　立方米燃气　　　10 个三口之家
　　　　　　　　　　　　　　一年的燃气量

主火炬从 8 月 8 日一直燃烧至 24 日，消耗了 192 万立方米的燃气，排放了 4151 吨二氧化碳。当时为了维持主火炬的巨大火焰，鸟巢专门配了一个燃气站，日夜不停地为它输送燃料。

4151 吨
CO_2

192 万
立方米

而本届冬奥会直接用最后一棒火炬代替主火炬，大大节省了燃料，绝对低碳环保。

最重要的是，这次火炬的燃料——氢气是最清洁的燃料，基本上没有二氧化碳排放。

本届冬奥会期间，境内火炬接力全部使用氢燃料，不仅点燃了主火炬，还点燃了冰立方、延庆赛区和河北张家口赛区三个分会场的冬奥火炬台。

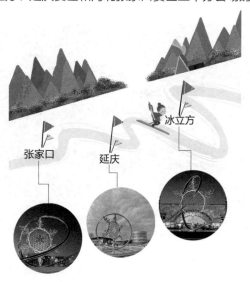

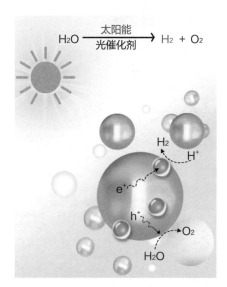

$$H_2O \xrightarrow[\text{光催化剂}]{\text{太阳能}} H_2 + O_2$$

在冬奥会张家口赛区，太子城火炬台是用由中国自主研发的绿氢点燃的。这是本届冬奥会上唯一一个由绿氢点燃的火炬台，也是冬奥会近百年历史上首支以绿氢作为燃料的火炬。

绿氢? 灰氢? 蓝氢? 傻傻分不清楚

以煤炭为原料制备的氢气被称作"灰氢"，以天然气为原料制备的氢气被称为"蓝氢"，用可再生能源电解水制备的氢气被称为"绿氢"。其中，绿氢是最为环保的氢气。

开幕式可不只在这一处用到氢能。

开幕当天，共有 15 台搭载"氢腾"燃料电池系统的氢能客车
负责往返接送服务。

相较传统化石能源车辆，氢能客车每行驶 100 千米，可减少约 70 千克二氧化碳排放，相当于 14 棵普通树木一年的吸收量。

氢能客车

搭载"氢腾"燃料电池系统的氢能客车最高载客48人，设计时速为100千米，加满氢仅需10分钟，总续航里程超过600千米，适应低温、爬坡等路况，可以满足北方城市低温运行的要求。

北京冬奥会赛时，节能与清洁能源车辆在小客车中占比 100%，在全部车辆中占比 84.9%，助力绿色冬奥。

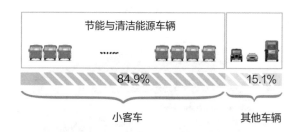

节能与清洁能源车辆	
84.9%	15.1%
小客车	其他车辆

冬奥组委综合考虑赛区长距离、低气温、山区路、雪天地面湿滑等车辆使用环境，以安全为前提，最大限度地应用节能与清洁能源车辆，以减少碳排放量。赛时使用的赛事交通服务用车共4090辆，其中氢燃料车816辆、纯电动车370辆、天然气车478辆、混合动力车1807辆、传统能源车619辆。

氢能是碳中和时代的重要能源，根据国际能源署（IEA）评估的中国碳中和路线，2060 年中国发电量的 1/5 要用来制氢，氢能或者氢基燃料将达到 0.9 亿吨，占终端能源消费量的 6%。

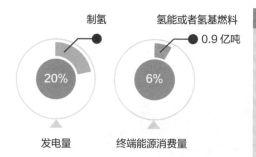

制氢　　　　氢能或者氢基燃料
　　　　　　　　　● 0.9 亿吨

20%　　　6%

发电量　　　终端能源消费量

氢能到底有啥好处？

氢是一种像电力一样的能源载体，可以由多种能源产生，包括天然气、煤炭、石油、可再生能源和核能等。绿氢作为二次能源，其燃烧非常清洁，很多情况下比电还灵活。氢和氢基燃料可以表现为液态和气态，方便长距离运输和储存。

冬奥会开幕式要
把新能源都用全了呢！
不仅用到了氢能，
还用到了风光发电。

不仅开幕式，冬奥会所有场馆
使用的绿电都来自张北柔性
直流电网。

张北

北京

就是说冬奥会使用的每一度
电、燃烧的每一立方米燃料
都没有碳排放。

而且冬奥会的开幕式放弃了
人海战术，参演人数只有
3000人。要知道2008年
奥运会开幕式的参演人数超
过了15000人。

2008年北京奥运会　2022年北京冬奥会

这也跟低碳有关系?

那当然了。人少了,相应的交通、住宿、餐饮的碳排放也就下降了。预计与 2008 年奥运会开幕式相比,本届冬奥会开幕式因参演人数减少能减排 1600 吨二氧化碳。

这就是需求端减排,是未来非常重要的碳减排领域。

关于大型活动的低碳措施,你还了解哪些?

例如:

发放给参与者的袋/包或其他物品

使用有机或可回收的材料制作,并且可以重复使用。

参考文献

[1] 北京2022年冬奥会和冬残奥会组织委员会. 北京冬奥会低碳管理报告(赛前)(2016—2021.6)[R/OL]. [2022-02-01]. https://upimg.baike.so.com/doc/28832192-30295965.html.

[2] 北京2022年冬奥会和冬残奥会组织委员会. 北京冬奥会可持续发展报告(赛前)[R/OL]. [2022-02-01]. http://www.gov.cn/xinwen/2022-01/13/content_5668050.htm.

[3] 北京2022年冬奥会和冬残奥会组织委员会. 北京2022年冬奥会和冬残奥会可持续性计划[R/OL]. [2022-02-01]. http://sports.xinhuanet.com/c/2020-05/15/c_1125986572.htm?_zbs_baidu_bk.

[4] 21世纪经济报道, 北京冬奥火炬如何实现绿色环保? [EB / OL] . (2022-02-06)[2022-02-20].http : / /www.21jingji.com/article/20220206/herald/dae04c052c260a1114289777db8f787a.htm.

[5] International Energy Agency (IEA). An Energy Sector Roadmap toCarbon Neutrality in China[R]. 2021.

"亦佛亦魔"的二氧化碳

大靖！！！
中国首金诞生了！
你可以永远相信
中国短道速滑队。

你也可以永远
相信中国技术。

此话怎讲？

运动员滑的冰用到了全世界最先进的制冰技术
——二氧化碳跨临界制冰技术。
这是人类冬奥史上第一次采用二氧化碳
作为制冷剂的制冷技术。

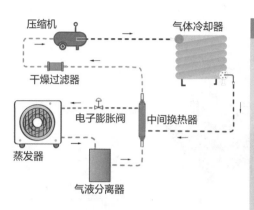

压缩机　气体冷却器

干燥过滤器

电子膨胀阀　中间换热器

蒸发器

气液分离器

跨临界二氧化碳制冷

　　低温低压的CO_2被压缩机压缩后进入超临界区，与外部介质发生类显热放热；冷却后的高压CO_2进入中间换热器与蒸发器出口的低温低压CO_2换热，从而进一步实现降温并提高了吸气侧过热度；经过中间换热器后的CO_2进入膨胀装置节流至低温低压两相状态，之后进入蒸发器吸收热量并蒸发，经气液分离器、中间换热器后重新进入压缩机，完成一个循环。

　　其实跨临界二氧化碳技术是一个物理过程，通过液态二氧化碳蒸发吸热制冰，再将吸收热量的二氧化碳放到高温高压下冷凝释放能量。

跨临界？超临界？

　　可别和CO_2捕集、利用与封存（CCUS）中的超临界CO_2搞混了。在CCUS中，运用超临界CO_2易与原油混相的原理，增加原油流动性，提高原油采收率，进一步提高CO_2封存率。在跨临界CO_2循环中，高压放热过程发生在临界点之上的超临界区域内，低压吸热过程发生在亚临界区域内，因此被称为跨临界循环。

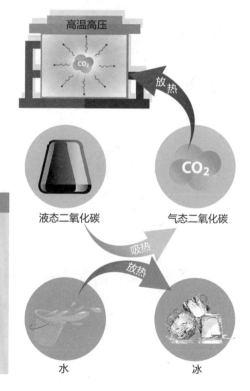

高温高压

放热

液态二氧化碳　气态二氧化碳

吸热

放热

水　冰

零碳科技,
绿色冬奥

一向"让人头疼"的温室气体二氧化碳还能这么用?那之前都用啥当作制冷剂?

主要采用含氟气体制冷剂,它在当前全球范围内普遍使用,但其全球变暖潜能值(GWP)极高。

啥是全球变暖潜能值?

全球变暖潜能值(GWP)是物质产生温室效应的指数,即在100年的时间框架内,各种温室气体的温室效应与相同效应的CO_2的质量比值。CO_2的GWP值为1。

例如,氟利昂的 GWP 为 3985。

北京冬奥会场馆为了更加环保和具有可持续性,首次使用二氧化碳跨临界直接制冷系统制冰,让温室气体化身高效资源,在赛场上实现了环保节能的最大化。

北京冬奥会使用的二氧化碳制冷剂是从工业副产品收集、提纯获取的。
2021 年年底，其初次填充过程合计减少了 900 吨二氧化碳排放。

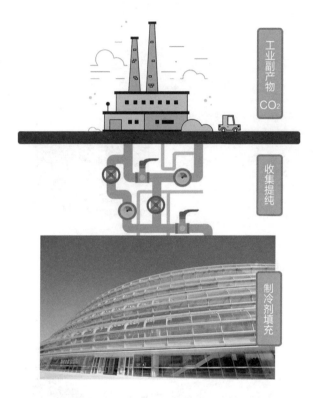

工业副产物 CO_2

收集提纯

制冷剂填充

过去利用氟利昂制冷，它吸收的能量最终都散发到环境里去了，而二氧化碳进入跨临界状态时具有携带能量的特性。

二氧化碳就是个搬运能量的载体，把需要制冷的区域的能量携带到需要制热的区域，这样两个区域的制冷、制热就同时实现了。

传统场馆的热水、供暖、除湿、预热、防冻等都是需要烧锅炉的，而这届冬奥会的国家速滑馆完全不需要烧锅炉，冰面下的地基防冻、冰面平整和场馆供暖等完全靠回收的能量来实现。

相比传统的制冷方式，国家速滑馆采用二氧化碳制冰的能效提升了 30%，一年可节省约 200 万千瓦时的电，减排 1060 吨二氧化碳。

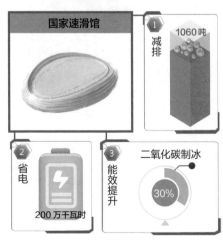

国家速滑馆

1 减排 1060 吨

2 省电 200 万千瓦时

3 能效提升 二氧化碳制冰 30%

这块冰效果怎么样？

杠杠的，
人送外号"最快的冰"。

通过二氧化碳制冷制造的冰面温差最终控制在0.5℃，低于奥组委提出的1.5℃标准，且硬度均匀。温差越小，冰面的硬度就越均匀，冰面便越平整，越有利于出成绩。

为啥叫它"最快的冰"？

2021年9月举行的国际测试赛上，6名运动员中有5位在这块冰面上创造了个人最好成绩。冬奥会期间，荷兰名将伊雷妮·斯豪滕同样在这块冰面上发挥出色，打破了尘封20年的奥运会纪录；瑞典名将范德普尔在男子10000米速滑比赛中还打破了世界纪录。

冰面温度

0.5℃ 1.5℃标准

所以二氧化碳并不是都不好，要看怎么用。

在提倡减碳、降碳的今天，二氧化碳又有了新用途，如二氧化碳制淀粉，二氧化碳取代水蒸气来驱动发电机发电。

合成

CO2

二氧化碳发电技术

2021年12月，我国自主研发建造的国内首座大型二氧化碳循环发电试验机组完成了72小时试运行，在西安华能试验基地正式投运。未来，二氧化碳循环发电技术还将进一步应用于灵活火电、高效光热、核电、储能等领域，为推动构建以新能源为主体的新型电力系统提供技术支撑。

2020年，《科学美国人》杂志联合世界经济论坛评选出全球十大新兴技术，其中就包括让二氧化碳变成可用材料。

全球十大新兴技术
1. 微针
2. 太阳能化学
3. 虚拟病人
4. 空间计算
5. 数字医学
6. 电动航空
7. 低碳水泥
8. 量子传感
9. 电解绿色氢气
10. 全基因组合成

注：《环球科学》是《科学美国人》的中文版杂志。

在制造许多化学产品时都需要消耗化石燃料，这个过程会产生大量的二氧化碳排放。现在可以利用阳光将废弃的二氧化碳转化为化学产品。

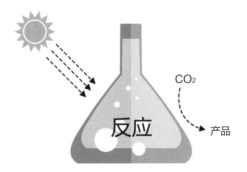

将来，化学工业能够把废弃的二氧化碳转化为有价值的产品，实现二氧化碳循环经济，并帮助实现负排放的目标。

关于二氧化碳的其他用途，你还了解哪些？

比如：

制冷剂、灭火剂，还有碳酸饮料的气态成分。

参考文献

[1] 北京2022年冬奥会和冬残奥会组织委员会. 北京冬奥会低碳管理报告（赛前）
（2016—2021.6）[R/OL]. [2022-02-01]. https://upimg.baike.so.com/
doc/28832192-30295965.html.

[2] 北京2022年冬奥会和冬残奥会组织委员会. 北京冬奥会可持续发展报告（赛前）
[R/OL]. [2022-02-01]. http://www.gov.cn/xinwen/2022-01/13/content_
5668050.htm.

[3] 北京2022年冬奥会和冬残奥会组织委员会. 北京2022年冬奥会和冬残奥会可持续
性计划[R/OL]. [2022-02-01]. http://sports.xinhuanet.com/c/2020-05/15/
c_1125986572.htm?_zbs_baidu_bk.

[4] 新京报. 打造冬奥史上"最快的冰"，北大教授张信荣谈冰下"硬核新科技" [EB/
OL]. (2022-02-08)[2022-02-20]. https://baijiahao.baidu.com/s?id=17241724
25420782372&wfr=spider&for=pc.

[5] 宋昱龙，王海丹，殷翔，等. 跨临界CO_2蒸气压缩式制冷与热泵技术综述[J]. 制冷学报，
2021，42(2): 1-24.

首钢园的华丽转身

首钢滑雪大跳台位于首钢园，其前身是首钢集团公司总部，考虑到举办
2008 年北京奥运会及社会经济发展的需要，首钢实施了史无前例的
钢厂大搬迁。

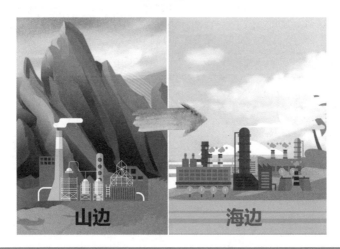

山边　　　海边

曾经的首钢园

首钢集团作为我国五大钢铁企业之一，于2011年10次进入世界500强，高峰期拥
有员工20万人。2020年，其粗钢产量居全国第六、全球第九。

首钢集团以冬奥会举办为契机，将旧工厂打造成新时代首都城市复兴新地标，拥有设施完备的滑板乐园、攀岩墙、马拉松跑道，以及工业风博物馆、酒店、餐厅。

奥运引导钢铁绿色发展

在中国钢铁协会统计的大中型钢铁企业中，吨钢综合能耗从2000年的930千克标准煤下降到2008年的627千克标准煤，钢铁行业的绿色发展理念已深入企业、深入人心。到2020年，吨钢综合能耗已经下降至545千克标准煤。

哇，这种改造太酷了！

工业园区改造，首钢园并不是首例。

在巴塞罗那有一家工作室，它的前身是水泥厂。

里卡多·波菲尔水泥工厂工作室

里卡多·波菲尔是西班牙著名的建筑师，享有"建筑鬼才"之美誉。1973年，他将一座废弃水泥厂改造成自己的工作室和家。

由于废旧工厂体量较大，所以波菲尔选择用绿色植物代替人造装饰。
灰白色的水泥墙面配上绿色植物，很符合钢铁丛林的感觉，
既节约建筑材料，又增添了特殊的美感。

北杜伊斯堡景观公园是德国北杜伊斯堡的一个后工业景观公园，原址是
炼钢厂，于 1985 废弃，后被改造成公园，将工业遗产与生态绿地
交织在一起。

我国同样有很多旧工厂改造成著名景点的例子。

北京 798 艺术区，原是国营 798 厂等电子工业的老厂区。

广州红砖厂，原是广州罐头厂。　　上海卢湾区，原是上海汽车制动

器厂的老厂房。

当工业化退去，
并不是只有拆掉重建这一条路。
这些旧工厂改造
给我们做了很好的示范。

还是改造好！
不然大拆大建的，
多浪费资源呀！

老旧小区、厂房改造逐渐成为绿色建筑发展的新趋势。《北京市城市更新行动计划（2021—2025年）》要求，到2025年，有序推进700处老旧厂房更新改造、低效产业园区"腾笼换鸟"；同时，需改造1.6亿平方米的老旧小区。

中国绿色建筑的高速发展可不仅体现在老旧厂房的改造上，新建建筑同样给力。

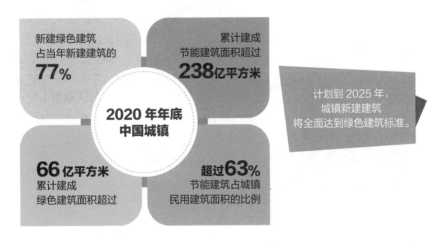

2020年年底，中国城镇新建绿色建筑占当年新建建筑的77%，累计建成的绿色建筑面积超过66亿平方米，累计建成的节能建筑面积超过238亿平方米，节能建筑占城镇民用建筑面积的比例超过63%。

2021 年，美国绿色建筑委员会（USGBC）公布了全球十大 LEED 市场榜单，表彰了在可持续建筑设计、建造及运营方面取得卓越进展的 10 个区域市场，中国大陆居于首位，这已是连续 6 年蝉联榜首。

2021 年度全球十大 LEED 区域市场排名

排名	国家 / 地区
1	中国大陆
2	加拿大
3	印度
4	韩国
5	西班牙

LEED是啥？

LEED（Leadership in Energy and Environmental Design）指能源与环境设计先锋，是一个绿色建筑评价体系。其宗旨是在设计中有效地减少环境和住户的负面影响，目的是规范一个完整、准确的绿色建筑概念，防止建筑的滥绿色化。

截至 2021 年年底，中国大陆和台湾共拥有 7712 个 LEED 项目（包含已认证及认证中），总面积超过 3.6 亿平方米。其中，获得认证的项目总数达到 4217 个，总认证面积超过 1.4 亿平方米。

其中，有 2 个 LEED 项目完成了净零认证，实现了亚洲首个突破：上海的嘉里不夜城企业中心在 2021 年 5 月获得了 LEED 零废弃物（Zero Waste）认证；台湾高雄由台达集团捐建的那玛夏民权小学图书馆在 2021 年 11 月获得了 LEED 零能耗（Zero Energy）认证。

关于绿色建筑你还了解哪些?

比如：

广州珠江城大厦被誉为世界最节能环保的摩天大厦。

参考文献

[1] 北京2022年冬奥会和冬残奥会组织委员会. 北京冬奥会低碳管理报告（赛前）
（2016—2021.6）[R/OL]. [2022-02-01]. https://upimg.baike.so.com/
doc/28832192-30295965.html.

[2] 北京2022年冬奥会和冬残奥会组织委员会.北京冬奥会可持续发展报告（赛前）
[R/OL]. [2022-02-01]. http://www.gov.cn/xinwen/2022-01/13/content_
5668050.htm.

[3] 北京2022年冬奥会和冬残奥会组织委员会. 北京2022年冬奥会和冬残奥会可持续
性计划[R/OL]. [2022-02-01]. http://sports.xinhuanet.com/c/2020-05/15/
c_1125986572.htm?_zbs_baidu_bk.

[4] 世界钢铁协会. 世界钢铁统计数据2020 [R]. 2021.